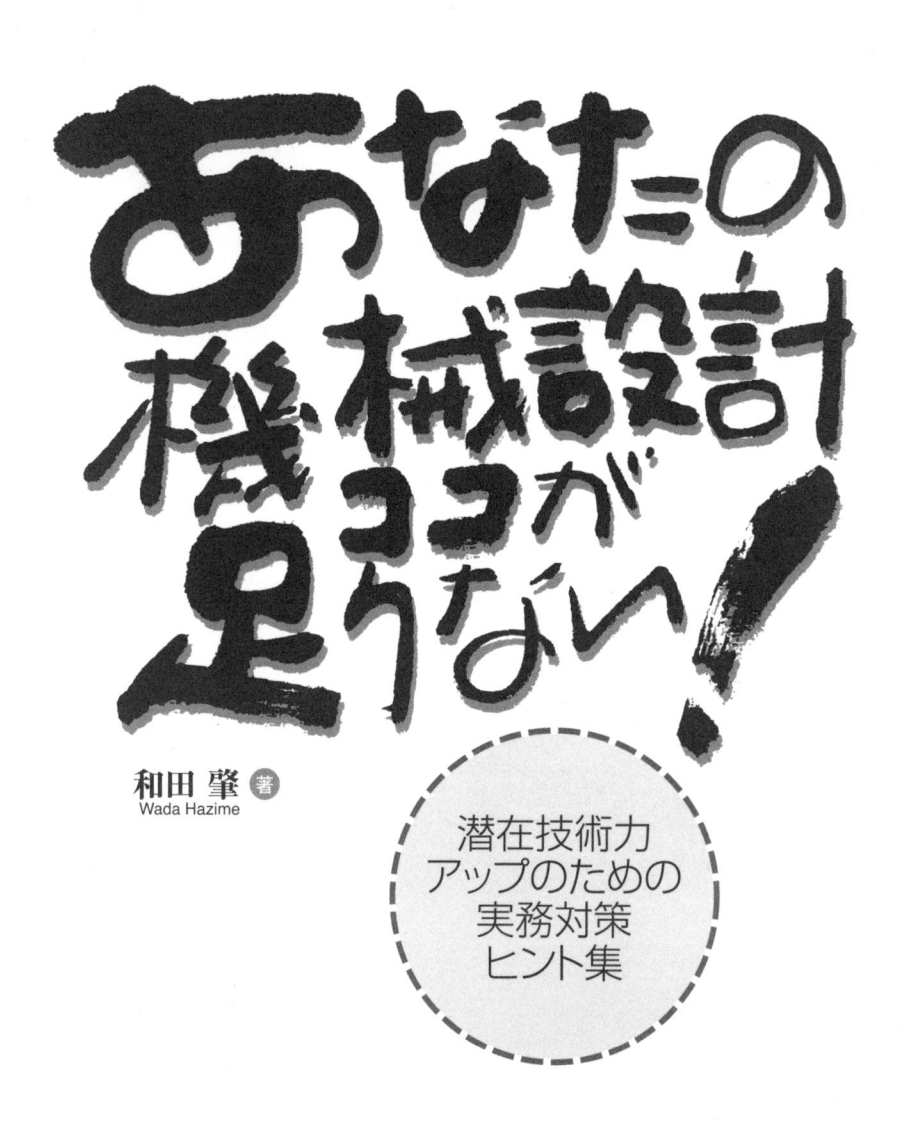

あなたの機械設計ココが足りない！

和田 肇 著
Wada Hazime

潜在技術力アップのための実務対策ヒント集

日刊工業新聞社

はじめに

　筆者が約20年間、メカ設計者として日夜奮闘していた頃、課題解決の参考になる書籍を求めて図書館とか書店にたびたび足を運びました。ソフトウエアや電気回路の技術者向けには多くの実用書がありました。しかし、機械・メカニズム関係の書籍については大学で使う専門書の類は多くあるものの、現場の技術者に役に立つものはほとんどなく、非常に残念な思いをしたものです。

　言い換えれば、専門書と現場問題の乖離を埋める書籍や経験と理論を結びつけた実用的書籍が非常に少なかったのです。しかも、この状況は現在も大きくは変わっていないと思われます。

　この理由について筆者は次のように考えています。

① この人の経験や技術上の考え方を知りたいと期待されるような企業の技術者は、日々の開発や設計業務に追われ、本を書くには時間的に余裕がないこと。また、そういう人の多くが、仕事柄まとまった文章を書くことが不得意であること。
② 機械・メカニズムの分野は、設計・試作・製造が企業インフラに乗らないと達成できないものがほとんど。したがって、ソフトウエアや回路関係と違って、マニアの領域で取り組むことが困難なこと。
③ 企業内で得た有効な経験は秘密保持事項が多く、その秘密保持事項を除外すると読者に訴える内容が乏しくなること。
④ 現場技術の経験は非常に狭い領域になり、書籍として体系化された内容にまとめにくいこと。

したがって、機械系の工学書や技術書の執筆者は、ほとんどの場合、大学の先生か大企業の研究所の人たちです。このため、多くの書籍は必然的に研究者の立場で既存の理論体系を自分なりに組み直したものになっています。

　結局、タイトルには技術者向けと謳っていても、当の技術者にとっては活用しにくい内容であることが多いようです。技術者として悪戦苦闘した経験がベースにない場合は、現場技術者はどんなレベルの何を求めているのかという視点が少ないのは当然です。したがって、活用しにくい内容になるのは致し方ないものと思います。

　筆者はかつてシリコンバレーのベンチャー企業とハードディスクドライブを共同開発する仕事に就きました。そこで知ったのは、日本と比較してアメリカの場合、大学と企業の連携が実務としてうまくいっていることでした。それに関連していると思われるのですが、米国には、理論主体ではなく、失敗も含めて経験に基づいての、理論の使い方を解説した書籍があることでした。

　この本はそんな書籍をめざしています。かつての筆者がそうだったように、日夜トラブルに巻き込まれたり、製品開発や設計で悩んだり、また設計した製品のフォローで走り回ったりで苦労されている技術者皆さんのささやかな助けになることを願い執筆しました。

　内容はカーステレオのテープ駆動メカニズム、CDドライブ、ハードディスクドライブやレーザーピックアップでの実経験をベースにしています。特定の領域からの観方ではありますが、できるだけ汎用性を持たせ、技術者による技術者のための、特に若い技術者に向けた本になるように配慮しました。そのため理論は最小限必要な範囲とし、かつ、実用性のある理論であれば厳密な展開ができないものでも紹介

しています。

　そして、機械設計者の多くが「何でも屋」であることに対応して、短時間で1項目を読める雑学のオンパレードとしました。

　現場技術者は、自分と同様な技術者が経験した失敗とその対策法および対策に対する考え方を知りたいと思うことがよくあります。このような内容が読者の身につくように、本書では構成を次のようにしています。（ただ、取り上げた内容によっては、この構成を用いていない項もあります。）

- 背景や予備知識の説明
- 対象とする（発生した）問題
- その原因
- 実施した対策
- 執筆者ベースで得られた教訓
- 関連した雑感（必要に応じて取り上げます）

　この本が現場技術者や、これから技術者として活躍しようとしている学生の皆様の技術力向上に役立てば幸いです。

2006年5月

和田　肇

目次

はじめに …………………………………………………………………………………… i

第1章 まずはここから設計を変えよう ………………………………………… **1**

 1-1 設計の良し悪しの尺度は美しさ ……………………………………………… **2**

 1-2 まず標準化ありきではない ……………………………………………………… **4**

 1-3 品質管理の手法の取り込み ……………………………………………………… **7**

  1-3-1 問題解決のチェックリスト……8D ……………………………………… **7**

  1-3-2 MTBFで信頼性予測 ……………………………………………………… **9**

第2章 数値の意味を知ろう ……………………………………………………… **13**

 2-1 摩擦係数の本当の意味………………………………………………………… **14**

 2-2 振動問題のQ値とは …………………………………………………………… **17**

 2-3 右脳で問題が直感できるグラフの作り方 …………………………………… **20**

第3章 メカニズムの要素設計を成功と失敗の事例で見直そう ……… **23**

 3-1 歯車について …………………………………………………………………… **24**

  3-1-1 歯元応力計算のネック、歯形係数のパソコン計算 ………………… **24**

  3-1-2 奇数歯歯車の外径測定値の簡単な計算 ……………………………… **30**

  3-1-3 小モジュールプラスチック歯車のバックラッシ ……………………… **34**

  3-1-4 歯車は軸にかかる力が盲点 …………………………………………… **37**

  3-1-5 ウォームギア設計での分からない部分の見込み方 ………………… **40**

 3-2 モータについて ………………………………………………………………… **43**

3-2-1	モータの目的によるコギング許容レベル	43
3-2-2	モータ騒音のあれこれと対策	46
3-2-3	電気ノイズからみたモータの定格	49

3-3　プラスチックについて　……………………………………………………52

3-3-1	意外、加水分解により分子量が低下	52
3-3-2	簡単・有効アクリル樹脂の光学設計	54
3-3-3	スーパーエンプラの長所と短所	58
3-3-4	プラスチック使用上の注意点のまとめ	62
3-3-5	技術者らしいプラスチック部品価格の見積もり法	66

3-4　ばねについて　………………………………………………………………70

3-4-1	引張ばねのフック部の破損についての考え方	70
3-4-2	ねじりばねにみたすばらしい知恵	73

3-5　ねじについて　………………………………………………………………75

3-5-1	小ねじの規格に絡む奇妙な問題	75
3-5-2	ねじの締め付けの実用的計算式	77

3-6　その他、諸々について　……………………………………………………80

3-6-1	ボールベアリングの予圧とコンプライアンスとは	80
3-6-2	摺動案内と自動止めには簡単な計算法	83
3-6-3	目的限定で、ジャイロスコープの簡単力学	87
3-6-4	ゴムベルトの切れの根源の一つは製造法	91
3-6-5	FPC(Flexible Printed Circuit)が起こした思いもよらぬトラブル	95
3-6-6	スティック・スリップは異音のもと	98

3-6-7　スポンジにも大きな構造の違い　　101

第4章　知恵を絞って測定法を考え出そう　　105

4-1　慣性モーメントの測定　　106

4-2　熱電対の正しい使い方　　109

4-3　レーザーポインターを使ったリサージュ曲線による振動解析　　113

4-4　メカ騒音調査用の簡単な電子聴診器の作成　　117

第5章　加工法に雑学を加えよう　　121

5-1　切削だけではないアルミの加工問題　　122

5-2　フライス加工による問題の例　　124

第6章　図面についての雑学で得をしよう　　127

6-1　公称寸法と実寸法の違いにある損得勘定　　128

6-2　間違いの無い図面の注記……プラスチックの場合　　132

6-3　間違いの無い図面の注記……鋼板の場合　　136

6-4　図面の雑学・あいまいさ　　138

第7章　補助的材料の性質を実感しよう　　141

7-1　接着剤での失敗経験の総括　　142

7-2　安全第一……有機溶剤のこわさ　　145

7-3　オイルとグリースの温度による変身の実感　　149

7-4　どうもグリースがおかしい ……………………………………………… 152

第8章　長年の知恵による問題解決法で技術力を付けよう …… 155
　　　8-1　フィールド調査は技術者の必須アイテム ……………………………… 156
　　　8-2　開発プロジェクト継続の可否の判断 …………………………………… 159
　　　8-3　潜在する応力に注意 ……………………………………………………… 162
　　　8-4　見逃しやすい力を受ける場所 …………………………………………… 165
　　　8-5　強弱関係に配慮しよう …………………………………………………… 169
　　　8-6　制御にも影響する電磁音の対策 ………………………………………… 171
　　　8-7　気付かない磁気回路への気付き ………………………………………… 174
　　　8-8　電気接点の天敵の一つ低分子シロキサン ……………………………… 177
　　　8-9　さびの雑学…電蝕とは …………………………………………………… 179
　　　8-10　めっき鋼板の表面接触抵抗 …………………………………………… 182

第9章　生産ラインに関心を持とう ………………………………… 185
　　　9-1　生産地の特色を見直すことが必要 ……………………………………… 186
　　　9-2　生産場所の静電気対策は徹底的に ……………………………………… 189

第10章　設計者サイドの特許出願を知ろう ……………………… 193
　　　10-1　技術者の位置づけと陥りやすい罠 …………………………………… 194

おわりに ………………………………………………………………… 203

第1章 まずはここから設計を変えよう

- 1-1　設計の良し悪しの尺度は美しさ …………… 2
- 1-2　まず標準化ありきではない …………… 4
- 1-3　品質管理の手法の取り込み …………… 7
- 1-3-1　問題解決のチェックリスト……8D (8 discipline) …………… 7
- 1-3-2　MTBFで信頼性予測 …………… 9

第1章 1-1 設計の良し悪しの尺度は美しさ

　具体的な事例の入る前に、技術者としての33年（そのうち20年間は設計者として）の経験から得た思いを述べさせていただきます。

　この本を通じて、読者の皆様が何がしかの『技術力のアップ』ができたと仮定しましょう。では技術力がアップしたことはどうしたら分かるのでしょうか。技術力アップは自分がした仕事の結果が物語るはずです。

　技術力アップがもたらす仕事の結果としては、個々には、その時の状況に応じた経済的設計であったり、トラブルのない設計であったり、問題点を手際よく解決することであったりします。でも何が経済的であり、何が手際がよいのか、現実問題としてその点がはっきりしないのです。

　技術力に限らず、結果や成果を明確にするには、それを計る物差しが必要となります。しかし、技術力といっても、もともと漠然とした概念であり、さらに技術力を具現化する対象も、それぞれの技術者により千差万別で、雲をつかむようなところがあります。そのようなことで、結果や成果を計る物差しもはっきりしません。

　それでは、物差しのはっきりしない技術力の有無は何で知ることができるのでしょうか。技術力が現れるはずの製品、つまり設計者の作品の出来ばえは何で計るのでしょう。

　独断に過ぎるかもしれませんが、筆者は出来ばえの良し悪しは、その製品が持つ美しさの有無に大きく関係していると思っています。製品を作るための図面であれば、その図面の美しさです。

　もちろん、デザイナーの視点ではなく技術者の視点からみた美しさです。美しさは語るものではなく感じるもので、直感の世界です。直感による美しさは、ある場合はバランスの良さであり、ある場合はシンプルさであり、ある場合は製品が訴える説得性であったりします。

　例えば、筆者の美的感覚で美しいと思う工業製品の例にジェット戦闘機があります。あるいは、分野がぐっと変わって、日本刀、大きなものでは瀬戸大橋や姫路城など、小さいものでは標準のねじ等があります。製造の目的や

技術力の物差しは？

使用法などは別として、製品として美しいと思うのです。

このように計算し尽くされた機能美、長い経験のうえで磨かれた美、こういった美しさを持った作品が優れた技術の、あるいは良い設計の到達点ではないでしょうか。

　これはデザインを優先しなければならないという意味ではなく、製品力を技術的に追求した結果として現れる美しさを求めるという意味です。したがって、場合によっては明確な理由があって意識的にバランスをくずしたり、冗長性を持たせたりするようなことも当然あり得ます。

　毎日の過酷な技術者生活の中でぼろぼろになりながらも、自分の作品（仕事）に美を求めるロマンがどこかにある、そんな技術者を夢見ようではありませんか。誰のためでも、何のためでもなく、自分のために。自己満足でもよいではありませんか。

　格好の良いことを書き過ぎかもしれません。それを承知であえて書きました。でも、そのくらいの気持ちを持った技術者でありたいと思っていれば、どこかに余裕が生じて、たとえ泥臭い仕事であっても、それなりに満足を味わうことができるのではないでしょうか。

第1章　1-2　まず標準化ありきではない

> **背景・予備知識**
>
> 「設計標準」「標準部品」「標準数」「標準化委員会」など身の回りには設計者に関係するものに限っても「標準」のついた用語が多くあります。
>
> 標準を定め、それに準じて設計したり、生産に移したりするメリットは計り知れないものがあります。このことは多くの技術者が共通に認識しているはずです。
>
> しかし、標準化すれば何でも効果があるというものでもありません。ここでは標準化の功罪について考えるきっかけを投げかけたいと思います。

・発生した問題

　小型のオーディオ機器に使用するDCモータで経験した例です。このようなモータは、一般に同じものが大量に生産されます。そして、激しい販売競争もあって価格は非常に安くなっています。したがって、メーカーは徹底した自動化ラインを駆使して生産を行っています。しかも、現在はほとんど海外生産に移行している状態です。

　モータメーカーのX社がカーステレオ用のモータの売り込みに来ました。構成は**図1.1**のように、本体にノイズシールド用の珪素鋼板を巻き、その上に外形形成用のケース（キャップ形状）をかぶせたタイプのモータです。その時点ではこの構成は一般的なものでした。そのモータに対し、筆者は次のような要望を出しました。

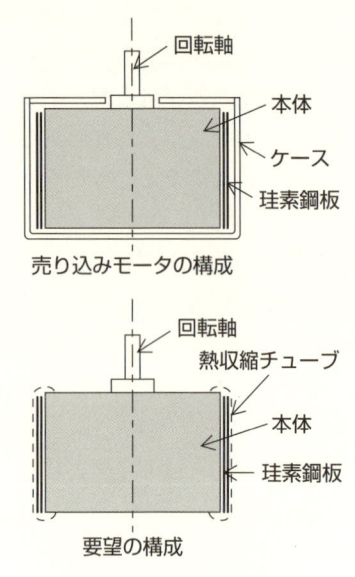

図1.1　モータの断面（売り込みモータの構成：回転軸／本体／ケース／珪素鋼板。要望の構成：回転軸／熱収縮チューブ／本体／珪素鋼板）

① ケースは単に外形形成が目的であるのなら中止し、その分コストを安くして欲しい。
② ノイズシールド用の珪素鋼板の固定は他のモータメーカーで既に実施している熱収縮チューブで行って欲しい。

③ 要望の理由はコストだけでなく、ケース分だけサイズを小さくできることによる。モータのサイズが小さくできるということは、それだけオーディオ機器を小さくできるか、または他の機能部品を配置できるため、競争力のある製品になる可能性があるからである。

しかし、これらの要望は聞き入れてもらえませんでした。モータを部品として購入する側としても、厳しい製品競争に落伍することはできないので、結果的にX社でなく、熱収縮チューブを提案してきたY社のモータを採用しました。

・原因

X社のセールスエンジニアは、この要望を持ち帰り会社としての対応を確認したということです。

セールスエンジニアから聞いたX社の結論は次のとおりでした。
「X社では自動化を推進している。そのモータは自動化のために設定した標準形状であり、この形状でないと自動機は使えない。したがって、この形状を変える訳にはいかない。ケースの価格相当分は自動化による生産コストの低減で吸収できる。」
これが要望を聞き入れてもらえなかった理由（原因）です。

セールスエンジニアからは、X社のモータを何とか採用してもらえないかと熱心に勧誘されましたが、採用はできませんでした。

・実施した対策

この項では実施した対策でなく、この問題はその後どのようになったかを説明します。

こちらから出した要望、すなわちオーディオ製品に求められていた必要性（サイズを小さくすること）は、筆者のいた会社だけでなく当然のことですが同業他社も同じだったのです。

自動化ラインに大きな投資をしたX社は、もちろんそのラインの生産能力に見合う売り上げを予定していたはずですが、その予定は達成されなかったようです。結局、かなり遅れてY社と同様に熱収縮チューブ品に変更しました。自動化ラインの大きな変更をしたのでしょうね。

> **教訓**

標準化を、立場の違った切り口からみると次の2つの場合に分かれます。

☆お客様に有利なもの

　例えばJISで決められたねじのサイズや、電池のサイズのようなもの。この場合は標準化（規格化）されているからこそ便利に使えます。

☆社内（自分たち）に有利なもの

　上の例のように自分の会社の自動機に適した標準化や、CADの運用をスムーズにするための使用標準、連絡をミスなく行うための書類のフォーマットなどです。

　ここで重要なのは「社内に有利なもの」を社外に持ち出すときは、「お客様にメリットのある場合」のみにしなければならないことです。繰り返しになりますが「標準化」がまずあるのではなく、色々な意味での「利益」がまずあり、その「利益」を得るうえで「標準化」が貢献する場合にのみ、進めるべきなのです。そして、商品の場合はまずお客様の「利益」を優先しなければなりません。

　当然ですが、社内という範囲で考えれば、自分の部署が内で他部署が外になります。

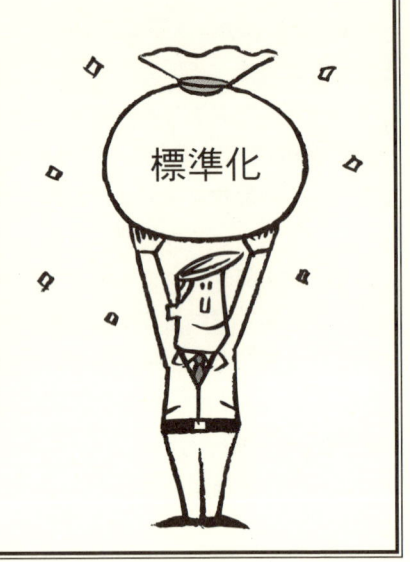

| 第1章 | 1-3 | **品質管理の手法の取り込み** |

1-3-1　問題解決のチェックリスト……8D（8 discipline）

> **背景・予備知識**
>
> 　製品を顧客に納入していて、設計問題や工程問題が生じた場合、問題点を見つけ、実験し、対策を行います。そして、その結果を顧客にレポートします。
> 　本項は、そのレポートに関して、国際的によく用いられる「8 discipline」と呼ばれているフォーマットを紹介します。disciplineは直訳では鍛錬、懲戒のような意味ですが、この場合は「是正に関する8項目」くらいに思ってください。
> 　この8Dを単に、提出用のフォーマットとしてみるのではなく、問題を対策するときの大つかみのチェックリストとして用いれば効果があります。

・8Dの紹介

次に挙げている項目を、A4の用紙を用いて表にしたら、フォーマットは出来上がりです。

Discipline 1	Customer Name （顧客名）	Issue Date （発行日）
	Parts Description （部品名）	Reported by： （報告者）
	Model No. （モデル番号）	Approved by： （承認者）
	8-D No.： （8-D番号）	
Discipline 2	Problem Description （問題の説明）	Detection date （発生日）
Discipline 3	Cause Description （原因の説明）	
	List of all possible causes 　（可能性のあるすべての原因）	
	Probable root cause	

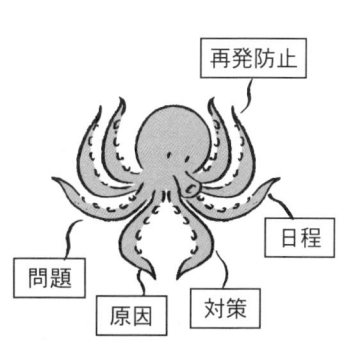

	（想定される根本原因）	
	Verification of root cause	
	（根本原因の検証）	
Discipline 4	Containment Plans or Actions	Implementation Date
	（封じ込めの計画あるいは行動）	（完了日）
Discipline 5	Permanent Corrective Action Plan	Implementation Date
	（恒久対策案）	（完了日）
Discipline 6	Validation of corrective Actions	Date of Result
	（対策の確認）	（結果の出た日）
Discipline 7	Prevent Recurrence	Implementation Date
	（再発防止）	（完了日）
Discipline 8	Completion agreed by Customer	Closed Date
	（顧客による終結承認）	（終結日）

> **教訓**
>
> 　現在では、日本でも大手の企業は色々な呼び名の問題対策レポートのフォーマットを持っていて、問題の対策に関して、取引先に記入を要望するところが多くなっています。その場合は、上の8Dと比較して、日本人的視点での改善点が加わり、付帯項目が追加されたフォーマットが一般的です。
>
> 　日本の場合はさておき、初めて海外顧客の8Dに出会ったとき、感心し、そして教えられたのは、
> - 原因として、最終的に判明した内容だけでなく、可能性のあったすべての項目をリストアップすること
> - 封じ込め対策（暫定対策）の方法と再発防止にまで言及していること
>
> でした。

・雑感

　日本人が不得意とするドキュメントですが、見習うべきもの、利用すべきものは躊躇することなく取り入れたいですね。学ぶ（まねぶ？）ことも重要です。

1-3-2　MTBFで信頼性予測

背景・予備知識

　MTBFのフルスペルはMean Time between Failures で平均故障間隔と言っています。お客様に提出する仕様書への記載を要求されることがよくあります。

　MTBF＝「総使用時間÷故障回数」

として計算され、システムの安定性の指標として用いられます。値が大きいほど故障間隔が長く、安定したシステムと言えます。

　平均故障間隔ですから、計算は簡単で、例えばある製品を合計で500時間使用し2回故障したとするとしたら

　　　MTBF＝500÷2＝250（時間／回）

となります。

　また故障率が分かっている場合、例えば故障率0.005（回／時間）の場合は

　　　MTBF＝1／故障率＝1／0.005＝200（時間／回）

となります。

・発生した問題

　開発過程で社内外から製品の仕様書にMTBFの記入を求められたことがありました。ところが、

① 工場を出荷する前には上のような計算をしようにもデータがありません。あるいは、既に出荷して不良の発生があっても、計算法が分かりません。
② 大量に生産されるものはどうするのか。平均故障間隔といっても、何をどのように平均するのか上のような定義だけでは分かりません。
③ 少し、不良予測についての勉強をすると、設計時に「部品点数法」を用いてMTBFを算出する方法があることが分かります。この場合は、製品を構成する個々の部品の10億時間あたりの故障回数をFIT（フィット）という単位で表した数字を用いて定められた方法で計算します。しかし、FITで表されたデータ

が存在するのは電気回路に使用する抵抗やコンデンサーのような規格生産されているものに限られていて、機械屋さんが関係するメカニズム構成部品などのような規格品でないものには、当然ですが、そのようなデータはありません。それで、困ってしまうのです。

・原因・実施した対策

　この項は、具体的トラブルの対策ではなく、「発生した問題」を設計者としてどのように考え、どのように取り組んだかについての例を述べます。

　MTBFの予測・確認に次のような方法を用いました。

① 設計時の製品目標値よりMTBFを求める
② 工場内での信頼性テストにより、上で求めたMTBFを確認する
③ 出荷初期の市場での不良発生データによりMTBF求める

次にその一つ一つについて述べます。この中に使う数字は説明のために適当に定めた値です。

① 設計時の製品目標値からMTBFを求める

　計算例として、ある製品の設計目標が次のようになっている場合を考えます。

　　＊　1台当りの年間総使用時間は500時間とする
　　＊　年間の市場返品率は0.5%とする

　予備知識の項で述べたようにMTBFは平均故障間隔の意味のとおり式（1.1）で定義されます。

$$MTBF = \frac{総使用時間}{故障回数} \quad \cdots\cdots(1.1)$$

製品は故障すると返品されるものとすると、故障回数＝総返品数となり、式（1.1）は式（1.2）に置き換えられます。

$$MTBF = \frac{総使用時間}{総返品数} \quad \cdots\cdots(1.2)$$

また、次の式（1.3）、式（1.4）の関係が成立します。

　　総使用時間＝総出荷数×1台当りの総使用時間　……(1.3)
　　総返品数＝総出荷数×市場返品率　……(1.4)

式（1.2）に式（1.3）、式（1.4）を代入するとMTBFは式（1.5）で表されます。

$$MTBF = \frac{1台当りの総使用時間}{市場返品率} \quad \cdots\cdots\cdots\cdots\cdots\cdots\cdots\cdots\cdots (1.5)$$

式(1.5)を1年単位で計算すると式(1.6)となり、上に計算例としてあげた値を用いることができます。

$$MTBF = \frac{1台あたり年間総使用時間}{年間市場返品率} = \frac{500}{0.005} = 100,000時間 \quad \cdots\cdots (1.6)$$

これでMTBFが得られました。ただし、仕様書に書き込む値は安全率を見込んで50,000時間くらいが望ましいと思います。

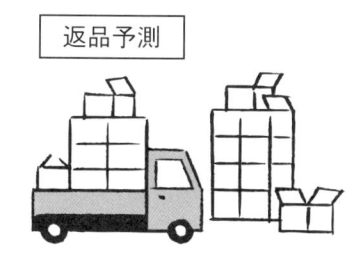

② **工場内での信頼性テストのデータを基にMTBFを確認する**

設計時の製品目標値から求めたMTBFを工場内での信頼性テストにより確認します。信頼性テストの条件は、50台を使用し1日24時間で5日間の連続テストとした場合を仮定し、

累計時間＝50(台)×24(時間／台・日)×5(日)＝6,000時間

を1サイクルとします。

①で得た100,000時間を確認するためには、

100,000÷6,000＝16.7サイクル

テストを行えばよいとします。

この方法によるとサイクル数を少なくするためにはサンプル台数を多くすれば良いことになり、必ずしも現実に即していません。したがって、実施する製品などの性格を考慮して妥当なサンプル台数を決めることが必要です。

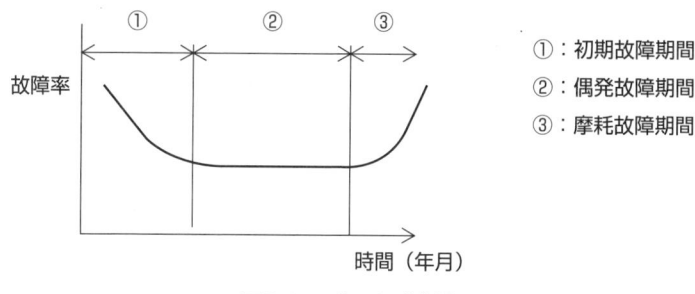

①：初期故障期間
②：偶発故障期間
③：摩耗故障期間

図1.2　バスタブ曲線

望ましくは故障の発生の一般的傾向であるバスタブ（Bathtub）曲線などを考慮すべきですが、設計から生産初期での概略評価としては上に述べた方法が、MTBFの目安として使えます。参考ですが、バスタブ曲線は図1.2に示すように、一般的な故障の推移を表す曲線の形状がバスタブ（浴槽）の断面形状に似ていることからこのように言われます。

③ 出荷初期の市場での不良発生データによりMTBFを求める

流行性の故障が無い場合、式（1.4）より式（1.7）が導けます。

$$市場返品率 = \frac{総返品数}{総出荷数} \quad \cdots\cdots\cdots\cdots\cdots\cdots\cdots\cdots\cdots\cdots (1.7)$$

総返品数と総出荷数を出荷当初から経過月ごとに記録すれば、経験的には3～4ヶ月の経過で、年間市場返品率が推定できます。式（1.6）に式（1.7）で求めた推定市場返品率を代入してMTBFを計算できます。

> **教訓**
>
> 　これから起こる返品率や不良率からMTBFを推定するには、ある程度の割りきりが必要です。それでも何もしないよりはよいと思います。
> 　そして、推定とその後の現実が異なった場合、異なった理由がどこにありどこを改善したら推定の精度が上がるのかを考えることです。

・雑感

　この項の内容は、昔、品質管理に詳しい先輩から教えてもらいました。執筆しながら、厳密さにかける部分もあるなと思いました。
　でも、統計的処理が適用できないとの理由で何もしないことに比べれば、このような確認でも実行した方がよいはずです。そして、多少の曖昧さは安全サイドの数値を採用する考え方でカバーしたらよいと思います。

第2章 数値の意味を知ろう

- 2-1 摩擦係数の本当の意味 ……………… 14
- 2-2 振動問題のQ値とは ……………… 17
- 2-3 右脳で問題点が直感できるグラフの作り方 ……………… 20

第2章 2-1 摩擦係数の本当の意味

背景・予備知識

メカニズムの設計では、摩擦への配慮が必要な個所が存在するのは当たり前ですね。その当たり前のことでトラブルを経験した人は多いのではないかと思います。

摩擦と言えば「クーロンの摩擦法則」を耳にしたことがあるはずです。確か高校の教科書にも載っている法則で、以下のような内容です。

① 摩擦力は、接触面に垂直な荷重に比例する
② 摩擦力は、接触面積に関係しない
③ 静止摩擦力は動摩擦力より大きい
④ 動摩擦力は速度によらず一定である

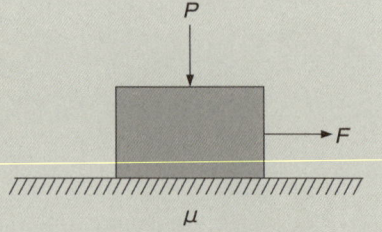

図2.1 クーロン摩擦

そして、図2.1に示すように荷重をP、摩擦係数をμとすれば摩擦力Fは次の式で表されます。

$$F = \mu P$$

現実の現象も法則どおりであれば、設計に用いる摩擦力はきっちりと決まり苦労は無いのですが現実はそうではありません。

・発生した問題

一定速度でテープ走行を行うため、図2.2に示すカセットテープ用テープ巻き取り機構の回転は、カセットに入れる爪部において、ムラのない一定のトルクを保つ必要があります。

この一定のトルクを与えるために、図2.2に示すように、一般にはエンジニアリングプラスチックの平面とフェルトのスリップによる動摩擦力を利用しています。この構造を用いる前提は、上に述べた「クーロンの摩擦法則」が成立することが条件だったのです。

ところが、一定であるべきトルクが、生産時のラインでの測定値と出

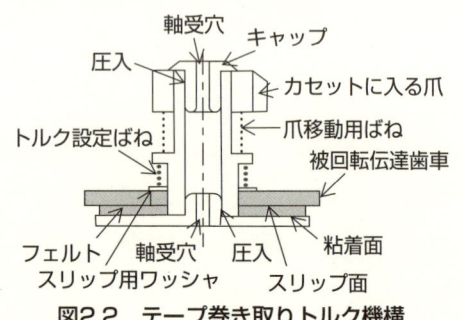

図2.2 テープ巻き取りトルク機構

荷検査での測定値との違い、また、生産ロットによる違い、生産日による違いなど、とにかく一定しなかったのです。

・原因

「クーロンの摩擦法則」が成立するのは非常に限られた条件下であることを知らず、「トルクは一定するはずだ」「荷重を与えるばねがおかしいのでは」などの観点から検討していたため、問題が長期化しました。原因はクーロン摩擦の適用に実用上の配慮がなかったことです。

・実施した対策

　現実の製品設計の観点に立てば「クーロンの摩擦法則」は、「静止摩擦が動摩擦より大きいこと」くらいしか、きっちりとは成立しないことが分かりました。摩擦に対して、筆者が経験として体得したのは「摩擦係数は特定の条件下での統計量である」ということです。つまり、摩擦係数は温度、湿度、速度などを、ある特定の条件下で測定した場合の特定の値であり、さらに、特定条件下であっても一定の値ではなく、平均値と偏差を持つ統計的な値と認識すべきなのです。

　とすれば、対策法が見えてきます。具体的には、実験や他社製品の検討において摩擦係数を確認するときの扱い方が変わってきます。そして自分の設計する製品の中での摩擦関係の仕様は、当然、環境や条件の違い、偏差を考慮して設定することになります。

　このときの対策は、巻き取りトルクに対し、上の経験で得た考え方を基にデータを集め偏差を割り出し、トルク仕様値に適正なプラス・マイナスの範囲を定めました。

> **教訓**

　結果的にはトルクの仕様値は、それまでとほとんど変わらなかったように思います。したがって、多くの自社・他社例を参考にして、平均値で決めれば問題にしなくてもすむことかもしれません。

摩擦は怖い

　しかし、日常、身の回りになくてはならない摩擦現象を設計に取り入れ、安定させるためには、教科書どおりに扱ったのでは問題が生じる場合が多いことを教えられました。

　お断りしておきます。摩擦係数を求めた測定条件が、通常の設計の条件と極端に異なる環境ではない場合は、色々な書物に載っている摩擦係数の値そのものは、それなりに正しいと思います。

　ただ、摩擦係数の値に対しては「大体そんなもんだ」と認識しておいた方が無難であるということです。

第2章 2-2 振動問題のQ値とは

> **背景・予備知識**
>
> この項は製品に生じた問題ではなく、技術理論の適応についての問題です。
>
> Q値はQ係数とも言います。振動に関係した製品の開発現場では、よく使う言葉です。図2.3に示すような1自由度振動系の振動を対象とします。重りの質量をm、ダッシュポットの粘性減衰係数をC、ばね定数をkとすると、
>
> $$Q = \frac{1}{2\zeta} \quad \zeta = \frac{C}{2\sqrt{mk}}$$
>
> で計算されます。
>
> 図2.3 1自由度振動系
>
> Q値の意味するところは図2.4の曲線の先鋭度なのですが、この説明ではイメージを描くことはできません。しかし、多くの書籍ではこれに類するか、さらに高度な説明がされていると思います。そのため、現場技術者の多くが容易にQ値を理解できず、活用できないことになるようです。かつての筆者がそうでした。そのようなことから脱却するため、この項では、Q値を容易にイメージでき、活用できるように説明を進めたいと思います。

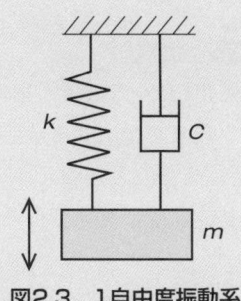

・発生した問題

車用の機器や部品は振動を受けながら働きます。したがって、機器や部品の機能や特性が振動を受けてどのように変化するか、また問題なく働くかをチェックする尺度が必要です。

その尺度として、何をどのように用いたらよいかを習得するに至るまでに多くの時間を必要としました。

・原因

振動問題に取り組むに当たって、ある程度の勉強をしました。しかし、背景・予備知識で述べたような難解な定義とその定義から展開した多くの微分方程式に直面しました。それにまじめに取り組む時間的・心理的余裕がなく、しかたがなく実験の繰り返しにより、性能・機能上の問題があるかないかの確認のみで終わっていた

のです。

・**実施した対策**
　車載用CDメカニズムを外部振動から守るための振動吸収用ダンパーのメーカーから、我々が提出する製品仕様書にQ値を記載するように求められました。そこで「それは何だ」と勉強したのです。そして、振動の状態を規定する尺度であることを知り、以後はダンパーの仕様書にはQ値を書き込むようにしました。

教訓

　ここで、Q値について現場技術者としてつかんだイメージを紹介します。
① 物（質量）があって、それが物（一般には弾性を持っている）で支えられる場合、固有振動数を持ちます。例えば、図2.3のように重りをバネでつるした場合、一定の周期で上下します。この場合の単位時間当たりの上下回数が固有振動数です。
② 固有振動数で、振動している状態を共振していると言います。共振状態では外から加えられるエネルギーが蓄えられ、振動の大きさ（振幅）が外から加えている大きさより大きくなります。（粘性減衰が小さい場合）
③ ここまでは、自然の法則ですが、この法則が役に立つ場合と、害になる場合があります。
④ 役に立つ例としては、テレビやラジオの電波を利用する場合があります。放送局から送られてくる電波の中で自分が受信したい放送の周波数にテレビやラジオを同調させますね。これはテレビやラジオの電気回路の共振の周波数を放送局から送られてくる周波数に合わせるわけです。
⑤ 害になる例としては、車の振動により、CDカーステレオのメカニズムが

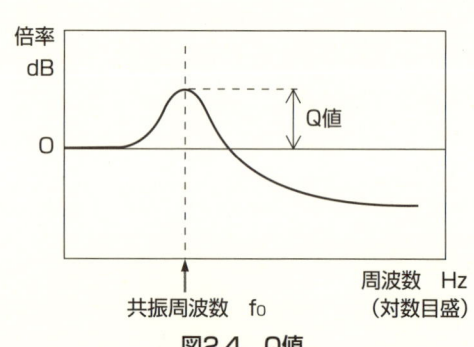

図2.4　Q値

⑥ 共振がこのように重要な性質であるとすれば、共振を評価する何らかの尺度を持ちたいとの要求が出てきます。その尺度の一つがQ値なのです。

⑦ Q値とは、「共振状態で、連続的に物に加えた振動の大きさに対して、そのものが何倍の大きさの振動をするか」ということなのです。その「何倍」がQ値です。だから、Q値の別名は「共振倍率」とも言います。図2.4にQ値のイメージを示します。

⑧ 以上より、Q値は周波数特性に関係した値であることが分かり、したがって、スペアナ（スペクトラムアナライザー）で調べればよいことが理解できるのです。

⑨ 倍率ですから、メカニズム共振などの場合は、そのまま「〜倍」、同調回路の場合は数値が大きいのでdB（デシベル）を使えばよいのです。

　実際の設計の中で活きた道具として使うためには、①〜⑨のようにQ値が頭の中にイメージできるようにしなければならない、というのが教訓です。

・雑感
　この項での共振についてのお話は、学校で学ぶ内容とは随分違うと思います。でも、設計現場で役に立たせようとすると、このような理解も必要です。
　そして、さらにきっちりと設計計算が必要になった場合、最初に述べたような、それなりの書物を活用すればよいのです。

第2章 2-3 右脳で問題点が直感できるグラフの作り方

> **背景・予備知識**
>
> データをグラフにして眺めることにより、問題の傾向だとか、特性の特徴をつかめることがあります。この項では、グラフを用いてメカニズムの問題を読み取る方法の例を取り上げます。皆さんが抱えている技術問題の原因や傾向を読み取れるグラフを作成するためのヒントになれば幸いです。
>
> 右脳全開
>
> 内容は、発生した問題を検討・対策したストーリではなく、生産に先立つ試作などで、メカニズムの性格を知るためや生じた問題の原因をつかむために個人的に使用したものです。この項は通常のフォーマットから外れます。

・取り上げた例の対象となるメカニズム

取り上げた例はCD（DVD）のメカニズムで、レーザーピックアップを動かす部分についてです。業界ではトラバースユニットと読んでいます。

トラバースユニットの構成を図2.5に基づいて説明します。ターンテーブルはCDディスクを載せ固定するものです。対物レンズを備えたピックアップはガイド軸とガイドスクリューで滑り案内されます。ガイド軸はメカのベースに固定されますが、ガイドスクリューは回転が可能な状態でメカのベースに取り付けられます。送りモータの回転は歯車Aと歯車Bで減速されガイドスクリューを回転させます。図2.5はモデル化しており、実際の減速は多段の歯車を使ったり、ウォームを使用したり、色々な場合があります。ガイドスクリューの回転はスクリューにかみ合ったかみ合い爪により、ピックアップの左右移動に変換されます。これにより、ピックアップは内周位置と外周位置間のSの距離を移動できるのです。

トラバースユニットのピックアップ送り方式には、上に述べたスクリュー方式やラック・ピニオン方式などがあります。

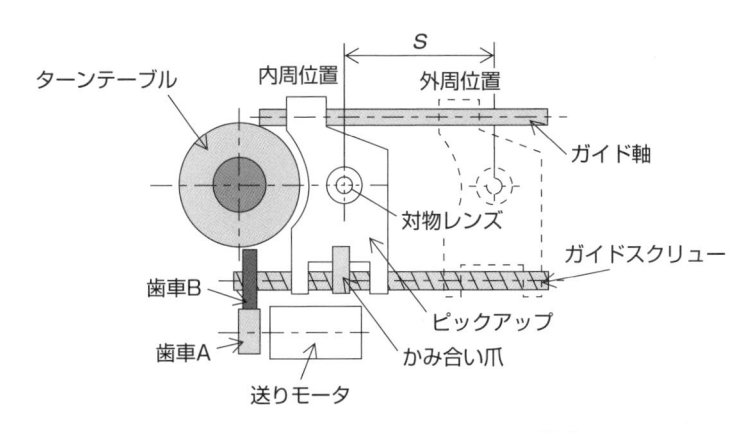

Chapter 2　数値の意味を知ろう

図2.5　トラバースユニットの構成

・把握したかった特性

品質のよいトラバースユニットを得ようとすると、送りモータに加えた電圧により、ばらつきなく一定の時間でピックアップが距離Sを移動することが望まれます。したがって、移動時間（駆動時間）のばらつきと、ばらつきの要因が何に起因するのかについて把握しておく必要がありました。

・移動時間に関する知識

上で述べた、モータを使用したメカの場合を考えます。距離Sをピックアップが移動する時間の逆数をtとします。逆数を用いたのは、最終的な式の形をシンプルにするためです。pを定数、nをモータの回転数とすると、DCモータの場合、一定の電圧下では式（2.1）が成立します。

$$t = pn \quad \cdots\cdots (2.1)$$

メカの負荷（とりあえず一定と仮定）や、モータ自身の摩擦などに起因する負荷を合わせた負荷により減少するモータの回転数をrとすると、モータの回転数nは式（2.2）で表せます。

$$n = qV - r \quad \cdots\cdots (2.2)$$

ここでqは定数、Vはモータにかかる電圧です。式（2.2）を式（2.1）に代入し定数をあらためてa, bに置き換えるとシンプルな式（2.3）になります。電圧－ピックアップ移動特性として図2.6に示します。

$$t = pqV - pr = aV - b \quad \cdots\cdots (2.3)$$

・グラフ利用についての知恵

　20ユニットくらいのデータの平均値を用いて、表計算ソフト（Excelなど）の最小二乗近似法を利用してaとbを求めます。そして、Vをパラメータとして、上で導

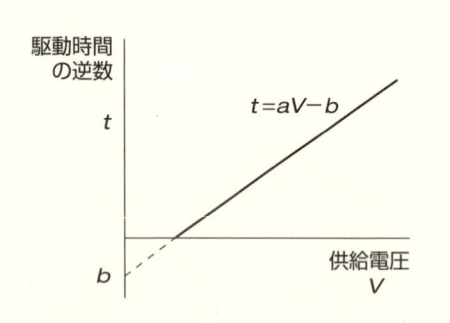

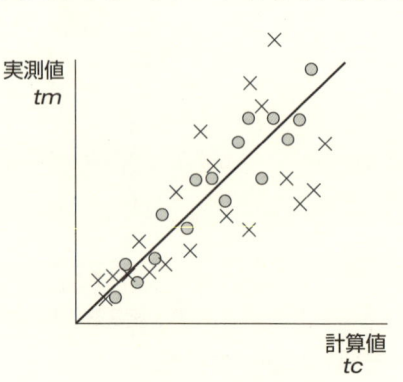

図2.6　電圧－ピックアップ移動特性　　　図2.7　計算値－実測値の関係

いた式（2.3）での計算値（tc）を横軸、実測値（tm）を縦軸として各ユニットのデータをプロットします。ばらつきが無ければプロットは$tm = tc$の直線に乗ります。
　このドットのバラツキが、図2.7の丸ドットのように$tm = tc$の直線に対して、大体同じ幅の内に分布する場合は、bに関係したばらつきがあることを意味します。つまり、トラバースユニットのメカ負荷にばらつきがある可能性が高いのです。電圧に依存しないばらつきだからです。（ただし、電圧が変わるとモータの回転数が変わります。モータの回転数に依存して変化するメカ要素がある場合は電圧に依存することになります。）
　図2.7の×ドットのように、末広がりに分布する傾向を示す場合は、aに関連したばらつきがあります。個々のモータ間のばらつきが多い可能性があることが分かります。電圧に依存しているからです。
　このようにグラフで計算値と実測値が示す形態を分析することにより、トラブルの原因を発見できることがあるのです。

・雑感

　グラフとか図は文章に比べて直感的理解を助けます。上の例を皆さんの問題の解決に当てはめてみてはいかがでしょうか。

第3章 メカニズムの要素設計を成功と失敗の事例で見直そう

- 3-1 歯車について ……………… 24
- 3-2 モータについて ……………… 43
- 3-3 プラスチックについて ……………… 52
- 3-4 ばねについて ……………… 70
- 3-5 ねじについて ……………… 75
- 3-6 その他、諸々について ……………… 80

第3章 3-1 歯車について

3-1-1　歯元応力計算のネック、歯形係数のパソコン計算

> **背景・予備知識**
>
> 　歯車の強度計算の中でも、最もよく使用されるのは歯の曲げ強さ計算式の基本になっているルイスの式です。ルイスの式は掛け算と割り算だけですから簡単です。伝達トルクをT、曲げ応力をσ、モジュールをm、歯幅をb、ピッチ円直径をd、歯形係数をyとすれば次の式で表されます。
>
> 　$T=(d/2)\sigma bmy$
>
> このように簡単な式なので、皆様も御存知のことと思います。

・発生した問題

　ルイスの式の中に歯形係数yというものがあります。このyが問題なのです。書物には歯形係数表なるものが載っていることが多いのですが、すべての歯数に対応しているわけではありません。また、転位した場合については触れていません。転位した結果で強度がどう変わるかを知りたいことが多いにもかかわらずです。

　機械工学便覧や日本歯車工業会の便覧にはグラフが載っていますが、歯数が9以下は対象外です。小型のメカニズムの設計者には不足な場合があります。

　さらにグラフの場合は読み取りの過程が必要になり、パソコンで連続的に計算するための壁になります。そもそも、設計者にとっては伝達トルクとか歯元にかかる応力が知りたいわけで、歯形係数を求めたいわけではありません。単に計算の途中で使うだけで最終的に必要なアウトプットではないのです。

　したがって、歯元応力計算を連続して行うために、歯形係数をパソコンの中での計算によって求めることが望まれます。ところが歯形係数を求める式は見当たりません。書物にはさりげなく、危険断面の幅s、その幅の中心から噛み合いの作用線に垂直に降ろした線の長さl（エル）より歯形係数を求めるように数式が書かれているものもあります。しかし、このs、lをどう求めるかには触れていません。設計計算をパソコン（プログラム）で行おうとする場合、ここで前に進めなくなります。問題発生です。

・原因

　歯車理論はもともと難解なものが多いのです。これに対し、現場設計者がパソコンに取り入れられる程度まで噛み砕いた数式展開をしている書籍は、筆者が探した範囲では、ほとんど見当たりません。この点に技術者が行き詰まる原因があるように思います。

・実施した対策

　パソコンを用い、転位も入れた歯形係数をプログラム内で計算のうえ、歯元応力を求めることができるようにしました。長年、このプログラムでポリアセタール系の歯車の歯幅を求めてきましたが問題はありませんでした。

　このプログラムは福山大学教授の小田哲博士の論文「平歯車の曲げ強度に及ぼす転位の影響」を基にしています。この項の最後にプログラムのもとになる理論を紹介します。しかし、かなり難解ですので、理論はあくまで参考として、プログラムをブラックボックスとして使用されることをお奨めします。

　ルイスの式は歯形に放物線を内接し2つの接点を結んだ線が作る断面を危険断面としていますが、本書のプログラムは機械工学便覧で扱われている正三角形を内接した場合を危険断面としています。歯形係数に、このプログラムで得られる結果と他の書物にある値に若干の違いがありますが、この仮定の違いによるものと思われます。また、歯への負荷のかけ方として、ルイスの式では歯先部の歯面に垂直にかかる法線荷重P_nの円周方向成分Pと放物線の頂点から危険断面に降ろした垂直距離hによる方法を用いています。

　本書では計算を容易にするためピッチ円上における接線荷重Fと危険断面からピッチ円までの垂直距離を用いました。

〔ただし、この2つの方法は、「歯車工学」（上野拓編著、共立出版刊、1977）によると、ほとんど同じ結果になります。〕

[Input] Z：（歯数）　　X：（転位係数）　　AC：工具圧力角

```
100   AC = 3.1416*AC/180
110   R0 = 0.25/(1-sin(AC))
120   TA = tan(AC)
130   R = Z/2
140   H0 = (1 − X) − R0*sin(AC)
150   U = 1.5708/Z + ((1 − R0*sin(AC))*TA + R0*sqr(1 + TA*TA))/R
160   PI = 0.01
170   TN = tan(PI + U)
180   F = (1.732*R*PI + H0)*TN + R*PI − 1.732*H0
190   DF = 1.732*R*TN + (1.732*R*PI + H0)/(cos(PI + U))^2 + R
200   PII = PI − F/DF
210   PIJ = (PII − PI)/PII
220   If abs(PIJ) ＜ 0.001 Then GoTo 250
230   PI = PII
240   GoTo 170
250   X1 = (R − H0)*sin(PII + U)
260   X2 = R*PII*cos(PII + U)
270   X3 = H0*sin(PII + U)
280   X4 = sqr(H0*H0 + R^2*PII^2)
290   X0 = X1 − X2 − (X2 + X3)*R0/X4
300   Y1 = (R − H0)*cos(PII + U)
310   Y2 = R*PII*sin(PII + U)
320   Y3 = H0*cos(PII + U)
330   Y0 = Y1 + Y2 + (Y2 − Y3)*R0/X4
340   S = 2*X0
350   LD = R − Y0 + X
360   YY = S^2/(6*LD)
```

☆ 160〜240は危険断面の数値を出すために超越方程式をニュートン・ラプソン法で解いています。

☆ YYが歯形係数です。

> **教訓**
>
> 　何かを計算する必要が生じるごとに、理論式から考えていては効率的設計ができません。頭を悩ましながらも、パソコンで処理できるプログラム（ブラックボックス）を作っておけば役に立ちます。

〈参考としての理論〉

福山大学教授小田博士の論文「平歯車の曲げ強度に及ぼす転位の影響」日本機械学会論文集42巻357号（昭51-5）を以下に参照しました。

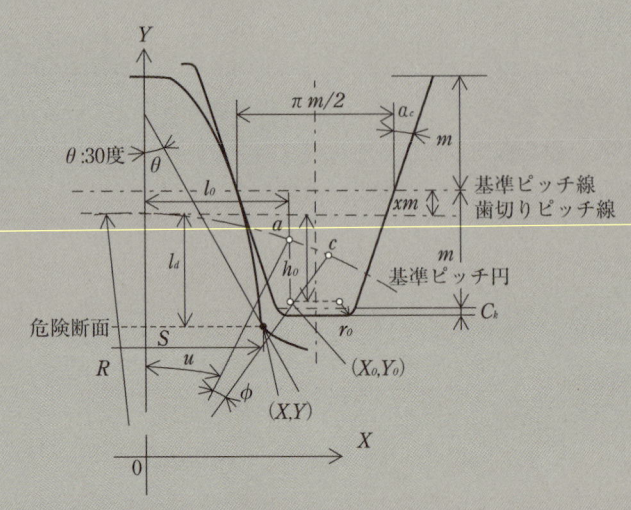

図3.1　歯形係数の計算の諸値

図3.1において、

- R：基準ピッチ円直径
- h_0：歯先丸み半径中心から歯切りピッチ線までの垂直距離
- u：歯の中心線から歯先丸み半径中心より歯切りピッチ線に降ろした垂線の足までの距離をl_0（弧）とすると$u=l_0/R$で与えられる歯車中心回りの角度
- ϕ：a点からラックの転動距離a_cの歯車中心に対して張る角度
- m：モジュール　　a_c：工具圧力角　　Z：歯数
- x：転位係数　　r_0：ラックのカッタの歯先丸み半径
- C_k：頂げき

とします。

カッタ歯先丸み半径中心の座標を(X_0, Y_0)とすると次の関係が成立します。

$$X_0 = (R-h_0)\sin(\phi+u) - R\phi\cos(\phi+u)$$
$$Y_0 = (R-h_0)\cos(\phi+u) + R\phi\sin(\phi+u) \quad \cdots\cdots\cdots\cdots(3.1)$$

h_0、l_0、uは次式から求まります。

$$h_0 = (1-x)m - r_0\sin\alpha_C$$

$$l_0 = \frac{\pi}{4}m + h_0\tan\alpha_C + r_0\sec\alpha_C + xm\tan\alpha_C$$

$$u = \frac{\pi}{2Z} + \frac{1}{R}\{(m - r_0\sin\alpha_C)\tan\alpha_C + r_0\sec\alpha_C\} \quad \cdots\cdots\cdots\cdots\cdots\cdots\cdots (3.2)$$

$$r_0 = C_k/(1-\sin\alpha_C)$$

さらに歯元隅肉曲線上の座標を (X, Y) としますと式 (3.1) より次の関係が得られます。

$$X = (R-h_0)\sin(\phi+u) - R\phi\cos(\phi+u) - \frac{R\phi\cos(\phi+u) + h_0\sin(\phi+u)}{\sqrt{h_0^2 + R^2\phi^2}}r_0$$

$$Y = (R-h_0)\cos(\phi+u) + R\phi\sin(\phi+u) + \frac{R\phi\sin(\phi+u) - h_0\cos(\phi+u)}{\sqrt{h_0^2 + R^2\phi^2}}r_0 \quad \cdots\cdots (3.3)$$

歯の中心と歯元隅肉曲線の接線とのなす角を θ としますと、式 (3.3) より次の関係が成立します。

$$\tan\theta = -\frac{dX}{dY} = -\frac{dX/d\phi}{dY/d\phi} = \frac{h_0 - R\phi\tan(\phi+u)}{h_0\tan(\phi+u) + R\phi} \quad \cdots\cdots\cdots\cdots\cdots\cdots (3.4)$$

$\theta = 30°$ ですから、式 (3.4) より ϕ が求まります。この式は超越方程式になっており一般的方法では解は求まらないので本計算においてはニュートンラプソン法を用います。ニュートンラプソン法の詳細については微積分学の書物に載っているのでここでは省略しますが、

$$x_{n+1} = x_n - \frac{f(x_n)}{f'(x_n)}$$

の収束性を利用する方法です。

$$f = (h_0 + \sqrt{3}R\phi)\tan(\phi+u) + R\phi - \sqrt{3}h_0$$
$$df = \sqrt{3}R\tan(\phi+u) + (\sqrt{3}R\phi + h_0)/\cos^2(\phi+u) + R$$

として解きます。これで ϕ が決定します。したがって式 (3.3) より X, Y が求められます。危険断面の歯厚を S、ピッチ円より危険断面までの距離を l_d としますと、

$$S = 2X$$

$$l_d = R - Y + x$$

$$y' = \frac{1}{6 \cdot l_d/S^2} = \frac{S^2}{6 \cdot l_d}$$

ピッチ円荷重を採用しているため歯形係数を y' としました。

3-1-2　奇数歯歯車の外径測定値の簡単な計算

> **背景・予備知識**
>
> 　小型のメカニズムにはモジュールが0.3〜1.0程度で外径が50mmより小さいプラスチック歯車がよく使用されます。モジュールとは歯の大きさを示す数字で普通はモジュールを2.25倍したものが歯の高さです。
> 　このような歯車で、歯数が奇数の歯車の外径測定が、簡単にできなくて困ることはありませんか。

・発生した問題

　上述のような歯車の測定を、現場でノギスやマイクロメータで測定し良否の判断をしなければならないことがあります。偶数歯の歯車は直接測れますが、奇数歯は測れません。オーバーピン法での測定では簡単な計算式がありますが、ピッチ円で歯面に接する太さのピンを用いなければならず、この選択が大変ですし、必要なとき必要なピンが間に合わないことがほとんどです。

　このため部品の検査部門では、歯車の中心にある軸受け穴にきっちり入る太さの軸に歯車を挿入して半径を測定し、その2倍を外径としていました。

　この方法も軸を選択することや、その軸を定盤に水平固定する必要性があり結構めんどうです。このため、検査部門から偶数歯のように簡単に測定できる方法を求められたのです。

・原因

　歯車の図面は要目表があり、計算上の外径は記載されています。しかし、この記載は歯車の製造をするためには十分であっても、検査部門に対しては不十分でした。奇数歯歯車でも、ノギスなどで簡単に外形をチェックするための数値までは書かれていませんでした。つまり、現場に即した寸法記入ではなかったのです。

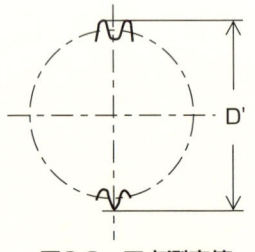

図3.2　三点測定値

Chapter 3 メカニズムの要素設計を成功と失敗の事例で見直そう

・実施した対策

　図3.2のように1枚の歯とそれに対向する2枚の歯にノギスかマイクロメータを当てて測定した場合の値D'を、図面あるいは検査部門の検査表に記載することで、外形寸法の判断ができるようにしました。そして、この測定においては3つの点にノギスなどが接するため「三点測定値」と呼ぶことにしました。

　三点測定値は次のフローチャートで示す計算で求めました。また、同時に設計時にも役立つ数値である歯先の厚さを求め、歯先のとがりの状態をチェックできるようにしました。歯数の少ない歯車で切り下げを防止するために転位をするととがり先になる可能性が強いからです。

　次の計算はパソコンの表計算で簡単にできます。御利用ください。以降の記号は図3.3を参照してください。

　「入力値」は次の4つです。

　z：歯数　　m：モジュール　　x：転位係数　　ac：工具圧力角（度）

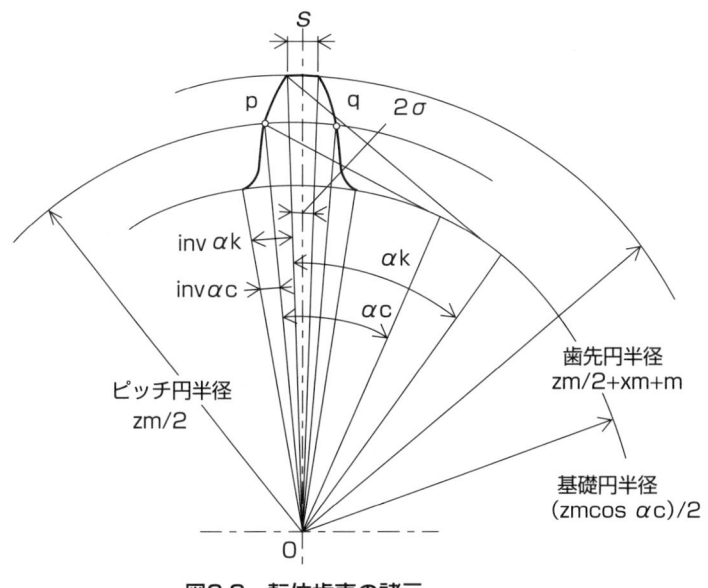

図3.3中のラベル：
- s
- p, q, 2σ
- $\text{inv}\,\alpha k$
- $\text{inv}\,\alpha c$
- αk
- αc
- ピッチ円半径 $zm/2$
- 歯先円半径 $zm/2 + xm + m$
- 基礎円半径 $(zm\cos\alpha c)/2$

図3.3　転位歯車の諸元

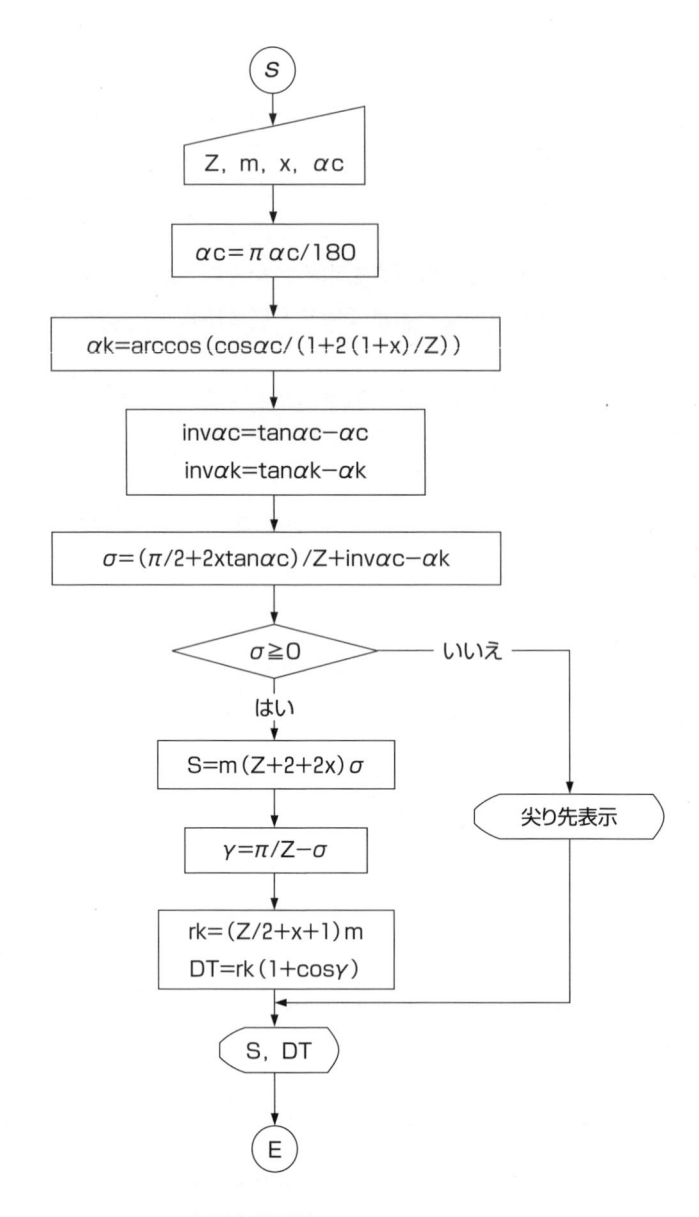

```
                    ┌───┐
                    │ S │
                    └─┬─┘
                      ▼
              ╱─────────────╲
             ╱  Z, m, x, αc  ╲
             ─────────────────
                      │
                      ▼
            ┌──────────────────┐
            │  αc = παc/180    │
            └────────┬─────────┘
                     ▼
       ┌───────────────────────────────┐
       │ αk = arccos(cosαc/(1+2(1+x)/Z))│
       └───────────────┬───────────────┘
                       ▼
           ┌──────────────────────┐
           │  invαc = tanαc − αc  │
           │  invαk = tanαk − αk  │
           └──────────┬───────────┘
                      ▼
        ┌──────────────────────────────┐
        │ σ=(π/2+2xtanαc)/Z+invαc−αk   │
        └──────────────┬───────────────┘
                       ▼
                  ◇─────────◇
                 ◇  σ ≧ 0   ◇──── いいえ ───┐
                  ◇─────────◇               │
                       │                    │
                      はい                   │
                       ▼                    ▼
           ┌──────────────────┐       ╱──────────╲
           │ S = m(Z+2+2x)σ   │      ╱  尖り先表示 ╲
           └────────┬─────────┘      ────────────
                    ▼                     │
           ┌──────────────────┐           │
           │  γ = π/Z − σ     │           │
           └────────┬─────────┘           │
                    ▼                     │
           ┌──────────────────┐           │
           │ rk = (Z/2+x+1)m  │           │
           │ DT = rk(1+cosγ)  │           │
           └────────┬─────────┘           │
                    ▼◄────────────────────┘
              ╱──────────╲
             ╱   S, DT    ╲
             ──────────────
                   │
                   ▼
                 ┌───┐
                 │ E │
                 └───┘
```

図3.4 三点測定値計算のフローチャート

σは歯先の2つのコーナーと中心がなす角の半分です。ここでσ>0かどうかの判定を行います。0で歯先厚がちょうど0になります。σ<0の場合はとがり先です。歯先の厚さをS、三点法で測定する場合の歯車の外径をDTとすると、計算は**図3.4**のフローチャートで行えます。

> **教訓**
>
> 　歯車に関係する理論は難しいものが多いですね。でも、この項のように歯車の参考書中の比較的易しい数式で意外に役に立つものもあります。
> 　一度、表計算かBASICなどでプログラム化しておけば、後はブラックボックスとして役立てることができます。

3-1-3　小モジュールプラスチック歯車のバックラッシ

> **背景・予備知識**
>
> 　筆者が現役で設計していた頃（1970～1980年代）には、インジェクション成形された、小モジュール（1以下）のプラスチック歯車については、研究論文や解説はほとんどありませんでしたし、適切な文献もありませんでした。そして、現在もこの傾向は続いているようです。
>
> 　したがって、小型メカニズムの設計者は表題のバックラッシ（隙間）一つをとっても、自ら苦しみ、経験のみを頼りに、設計基準を求めなければならなかったのです。まず研究の成果があり、その成果が実際の設計へ適用されるという流れの恩恵を受けられませんでした。
>
> 〔補足：最近、図書館で歯車関係の棚を物色していたら良い本を見つけました。参考に紹介します。「成形プラスチック歯車ハンドブック」精密工学会／成形プラスチック歯車研究専門委員会編、シグマ出版（1995）〕

・発生した問題

　小モジュールのプラスチック歯車をメカニズムに導入した当初（25年くらい前）のことです。歯車関係の本を参考にして、図面の要目表にバックラッシ量を書き込みました。

　金型屋との打ち合わせのとき「バックラッシとは何ですか」と問われたので、「法線バックラッシでこの値に…」と言いかけたのですが、すぐ止められました。「歯車の金型屋にそんなことを言われても分からない。持っているのは標準のホブだけ。もちろん転位はできますよ。それにバックラッシは相手歯車があって決まるのでしょう。」

　そのときの筆者には、きっちりと設計意図と製作法を説明し、金型屋に納得してもらう手だてはありませんでした。

・原因

① 小モジュールのプラスチック歯車を扱う業界の実態を知らなかったことです。

② バックラッシは切削や研削で作られる、モジュールが大きな金属歯車について体系化されています。そこで定められた推奨値や計算法を、そのまま持ち込んだことは正しくなかったのです。自分の置かれている業界の実態を認識し、要求できることは何か、そのためには自分の設計はどのように手立てしておくべきかを配慮してなかったことです。

・実施した対策

　一般には、バックラッシを噛み合う2つの歯車に振り分け、負転位を行っているようです。言い換えれば標準歯車は負転位歯車であると言えます。

　そのように負転位を施していることはさておき、金型で作成するプラスチック歯車は、予備知識で書いたように別な事情があります。この事情を加味し、以下のような設計法を用いました。

① 転位歯車を含め歯車は、すべて標準インボリュート歯型とします。
② バックラッシは中心間距離を拡げることで確保します。この場合、圧力角を a とし、JISにある円周方向バックラッシ jt を基に次の計算を用います。

　　　　中心間距離方向値　$jr = jt/(2\tan a)$

　$a = 20°$ とすれば法線方向バックラッシに1.37を掛けた値だけ中心間距離を拡げればよいことになります。ただし、モジュールが0.5未満については jt が記載されていません。

③ 実際に必要なバックラッシは、プラスチック歯車の形状誤差や異物の噛み込みを許容する値に、中心間距離のばらつきを加え、軸と歯車の軸受けのクリアランスの半分を引いたものです。モジュール0.3〜1くらいで外径が40mm以下の歯車の一例は次のような値になります。この値は通常の使用値で、もっと厳しい許容差を用いている場合もあるかもしれません。

　　　　軸と軸受クリアランス　　　0.02〜0.07
　　　　歯車間の距離のばらつき　　 ±0.05
　　　　歯車歯先円直径の許容差　　 0-0.03

　このときは、バックラッシを確保するために、中心間距離を0.05〜0.1拡げました。この値が正解というのではなく、参考としての例です。製品の使用条件が優先されます。

> **教訓**
>
> 　JISや権威ある書物で推奨されたり定められたりしている数値を使用するときは、それがどのような条件や背景から出ているかを考える必要があります。
> 　本項のような場合は、金属歯車のような一般的な条件から外れていますので、自分が担当する製品に求められる条件で、妥当なバックラッシ値を探すことが必要なのです。
> 　一般的な条件から外れるのは、本項で述べたような理由だけでなく、プラスチックの吸湿による形状変化や熱膨張が金属と異なる点などによります。

3-1-4　歯車は軸にかかる力が盲点

> **背景・予備知識**
>
> 気付いて考えれば分かりやすい内容なのですが、一般に書物や教科書には取り上げていないため、現実の設計では、見逃しやすく問題を起こす可能性のある事柄を取り上げます。現実に、この項で取り上げた問題に関連した原因で、筆者の買ったビデオデッキの早送り巻き戻し機構が動作不良を起こした例もあります。

・発生した問題

トレイ式CDの装着メカニズムの意地悪テストを行いました。ドライブの中に入りつつあるトレイを手で強制的に止める確認です。ガッガッと音がしました。

分解して調査すると、トレイを作動させるプラスチック（ポリアセタール）歯車の先端が変形していました。歯の噛み合いが強引に外れたことを物語っていました。

・原因

そのプラスチック歯車は減速のための歯車列の一つでした。モジュール0.5、歯数20程度を想定してください。歯車列（ギアトレイン）配置の関係もあり、その歯車は長さ10mm直径が4mm程度の軸の先端に置かれていました。

トレイが強制的にロックされた場合については、モータのトルク設定によって、メカニズムが壊れる前に回転が止まるように設計されていました。

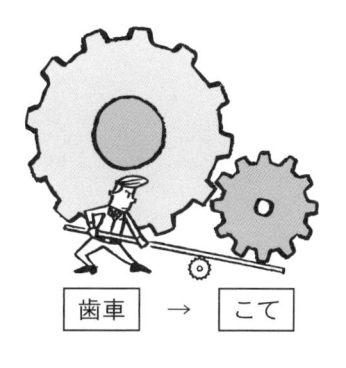

ここからは図3.5により説明します。歯車がロックすれば、歯車列はレバー（てこ）の組み合わせによる力の伝達に置き換えることができます。つまり、Gear1、Gear2、Gear3はそれぞれ歯車の中に書かれたレバーに置き換えられるわけです。そして、Gear2における歯車噛み合い部2箇所、すなわち力の伝達部2箇所には力Fが作用します。この力Fの反作用はGear2の軸が受けるわけで、軸には合成された

力Fcが負荷されることになるのです。ここで、図3.5中でFcの力線の始点から出る2つの力線（F）はFcが合成力であることを分かりやすくするためにFを平行移動させて記入したものでFのことです。このFcとGear2を支持している軸の長さを掛けたモーメントが、軸と軸を固定しているレバーに作用し、両者が弾性変形してFcの方向、すなわち歯を噛み合いから逃がす方向に歯車の位置を動かしたのです。

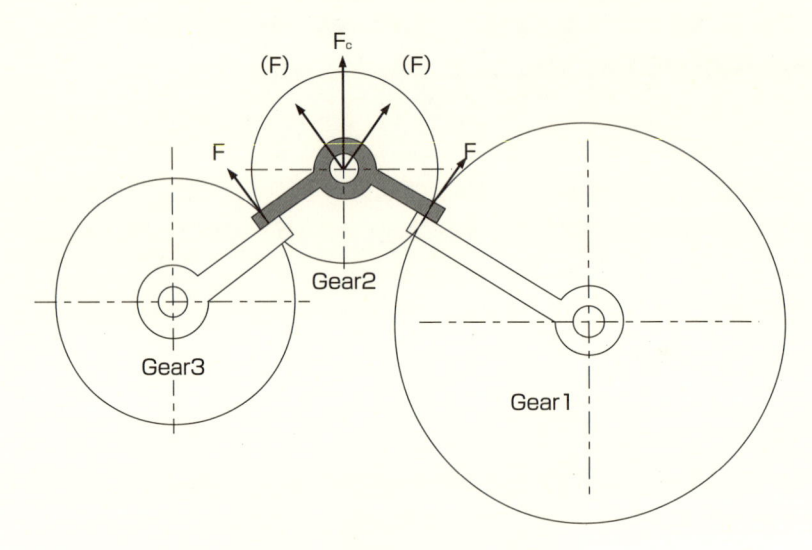

図3.5　問題理解のための模式図

もちろん、このFcに、噛み合いの圧力角により発生する軸方向の分力がさらに加わるわけです。その結果、歯の噛み合いが外れ、ガッガッという音と共に歯の先端を変形させたのです。

・**実施した対策**

次のような対策を同時に行いました。
① 　レバーの補強をしました。
② 　軸を太くしました。
③ 　強制ロック状態でない通常の作動状態での伝達トルクによって生じるFcも予想外に大きいことが分かり、歯車軸受けの潤滑方法を改善しました。

> **教訓**
>
> 　あることを判断するとき、変化する要因が、例えば無限大の値をとるとか0であるとかのように、極端な値になる場合を考えてみることです。そうすると要因による影響が分かり易かったり、別の構成が見えたりすることがあります。負荷が大きくて歯車が止まってしまうと、歯車は単なるレバーに置き換えられるのがその例です。すると歯車としてみているときには気付かない別のことに気付く可能性があるのです。
>
> 　歯車が回っていても、レバーとしてみた場合と力の関係は変わっていないことを考慮すれば、その他の潜在する問題に配慮することも可能になります。例えば軸受けにかかる面圧はどうなっているかなどです。実施した対策での軸受けの潤滑方法改善はその結果です。

・雑感

　この項は、読者の皆様に分かりきったことを書くなと、しかられそうなくらい簡単な内容です。しかし、現実に歯車の設計をしているときは、メカニズムに与えられた設計空間の中で配置を考え、必要な減速比をどうとるか、転位をどうしようか、応力は大丈夫か等に重点を置き、計算を繰り返す場合が多いはずです。そのため、意外と簡単な力関係への配慮を忘れることがあります。

　さらに、この項で述べた歯車軸にかかる力については、忘れられる可能性が特に高いことを心しておくべきです。

3-1-5　ウォームギア設計での分からない部分の見込み方

> **背景・予備知識**
>
> 　ウォームとウォームホイールによる減速は比率が大きくとれることから、小型メカにもよく利用されます。そして、ウォームとウォームホイールの組み合わせをウォームギアと言っています。
>
> 　ウォームギアについては、一般の歯車に比べて次の2点に注意が必要です。
>
> ① 進み角の値によりセルフロックをする。この性質はうまく利用することもできます。テニスコートのネットの張りをコントロールする部分などがそうです。一方で、セルフロックが災いを起こすことがあります。
>
> ② 減速比を稼ぐため、進み角を小さくする場合、それに応じて摩擦係数を小さくできない限り、エネルギーロスが大きくなります。
>
> 　この項では、①に関して、セルフロックの性質が起こした問題について述べます。

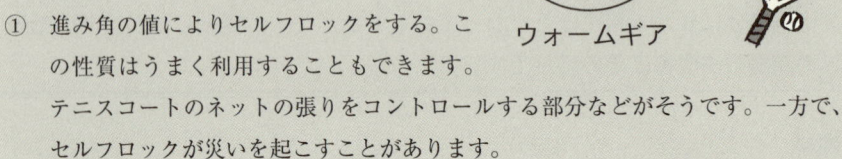

・発生した問題

　車載用のMDドライブのMDメディア（ディスク）の自動装着のメカニズムで問題が発生しました。ローディングはできるのですが、メディアの排出ができなくなったのです。

・原因

　メディアの装着と排出はモータ動力で行っていました。この2つの機能は大きな作動力が必要であったため、大きな減速比が要求されたことと、この機能を達成するために許されるスペースが小さかったため、ウォームによる減速機構を採用していました。メディアのローディングと排出の2つの機能の切り替えは、モータの回転を逆転することで行っていました。

　このウォームとウォームホイールがセルフロックしたのです。セルフロック解除（逆転）に必要なトルクが、モータが発生するトルクより大きくなり、回転できず、

メカニズムが動作しなくなったのです。

・実施した対策

まず、セルフロックの説明をします。図3.6においてF_nを歯面直角力、aは歯直角圧力角、γは進み角、μはウォームとウォームホイール間の摩擦係数、F_x, F_y, F_zは計算過程の力の成分とします。**軸受け摩擦などを考えない理想条件**では、

$$F_z = F_n' \sin\gamma \cdots\cdots\cdots\cdots\cdots\cdots (3.5)$$
$$F_n' = F_n \cos a \cdots\cdots\cdots\cdots\cdots\cdots (3.6)$$

F_tを外部から加えるトルクとバランスする力とすると、

$$F_t = F_z - \mu \cdot F_n \cos\gamma \cdots\cdots\cdots\cdots (3.7)$$

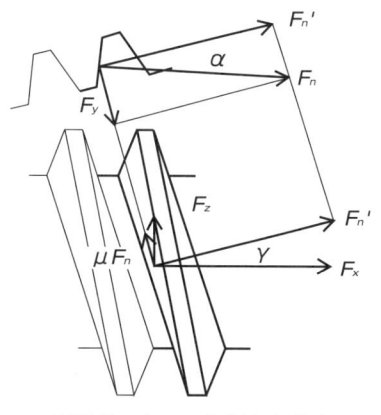

図3.6 ウォームにかかる力

式（3.7）に式（3.5）、式（3.6）を代入すると、式（3.8）が得られます。

$$F_t = F_n (\cos a \cdot \sin\gamma - \mu \cdot \cos\gamma) \cdots\cdots\cdots\cdots\cdots\cdots\cdots\cdots\cdots\cdots\cdots\cdots (3.8)$$

セルフロックしない条件は$F_t > 0$です。したがって式（3.9）が導かれます。

$$\cos a \cdot \sin\gamma - \mu \cdot \cos\gamma > 0 \quad \mu < \tan\gamma \cdot \cos a \cdots\cdots\cdots\cdots\cdots\cdots\cdots (3.9)$$

$a = 20°$の場合の進み角γと摩擦係数μの式（3.9）による計算の例をあげますと、例えば、グリス潤滑を想定し$\mu = 0.15$とすれば、進み角γは9度がセルフロックの限界になります。

この項で取り上げた問題は、計算値より少し大きい進み角に設計されていたにもかかわらずセルフロックが生じたことです。具体的には、摩擦係数を0.2として計算して求められる進み角の限界値12度より大きく設定していたから大丈夫のはずだったのです。しかし、上に書いた「軸受け摩擦などを考えない理想条件」であることが考慮されていませんでした。

さらに、ローディング動作の終了時、メカの動作部が動作端に当たり動作がストップし、そのストップによりモータの回転が止められる構造になっていました。したがって、モータ回転を含め動作部の慣性に起因するトルクが、通常の動作トルクに加わり、大きな値としてウォームに作用したのです。もちろん、動作終了でモー

タの電流はストップする設計でしたが、ストップする瞬間はそのような状態でした。

　結果として、ウォームギアでの摩擦による抵抗と、加えて軸受け摩擦による抵抗が、通常の動作時よりかなり大きな値になった状態でロックされることになりました。その大きな値により、メディア排出方向のモータの回転が不可能になったのです。

　ウォームギアを構成する周辺要素への設計上の配慮と、慣性の持つエネルギーへの配慮をしていなかったことが、セルフロック問題を起こした原因だったのです。対策としては、とりあえず、実験データを基に進み角をさらに大きい角度に変更しました。

・雑感

　ウォームのセルフロックについて述べましたが、同じ問題がねじ送り機構にも存在します。自分の関係した設計で、ねじ送り機構を用い、この問題を経験された方も多いのではないかと思います。

> **教訓**
>
> 　機械要素設計などの書物に掲載されている数式は、ほとんどの場合、その式を使う上での条件がありますし、式を導くための仮定があります。実際の設計に使用する場合、そのような条件や仮定が、現実と適合するのか否かを考慮しなければなりません。
>
> 　おそらく多くの場合、適合しない部分があるはずです。その部分は、状況に応じた色々な要素が絡んでいます。このような状況に応じた対応法を、常日頃、蓄積しておくと、あなたの技術力アップにつながります。

第3章 3.2 モータについて

3-2-1 モータの目的によるコギング許容レベル

背景・予備知識

コギング（Cogging）は、モータの磁気的構造に起因した回転軸に生じるトルクムラのことです。図3.7にイメージを示します。詳細は発生原因で述べます。この言葉については、この現象で苦労した人にとっては「いまさら」と思われるでしょうし、関係なかった人は「それは何」となるはずです。復習として、あるいは新しい雑学として読んでみてください。

・発生した問題

CD-ROMドライブの試作品の性能検討において発生した問題です。CD-ROMドライブの性能の一つにデータ転送レートの大小があります。CDディスクに書かれたデータを読み取りパソコンに送る（転送する）速さのことです。レートと言っているのは1秒あたりのデータ量で計測するからです。この転送レートが設計仕様の値に届かなかったのです。

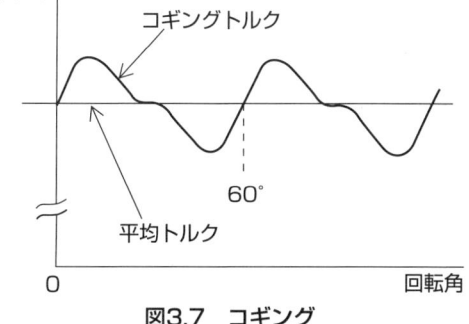

図3.7 コギング

・原因

CD-ROMドライブの主要部品であるレーザーピックアップを、CDディスクに対して必要な位置に移動させるためのモータを、図3.8に示す送りモータと呼んでいます。この送りモータの動きが不安定でした。

電源を接続しない状態で、

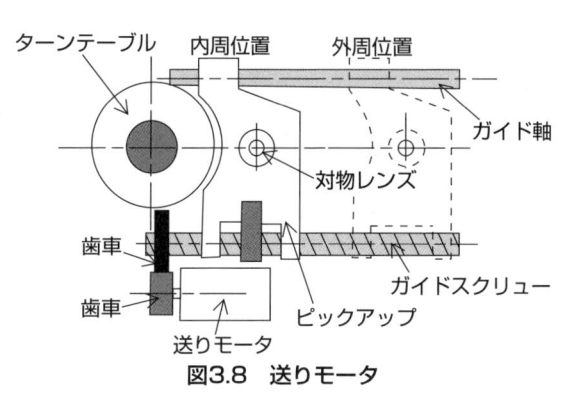

図3.8 送りモータ

このモータの回転軸を指で回してみると、これまで使用していたモータより、指に感じる明らかに大きなトルクのムラがありました。

　このようなトルクのムラは、図3.9のような永久磁石をステータ（固定子）とし、鉄心にコイルを巻いてロータ（回転子）としたDCモータには大なり小なり発生するものです。そして、この現象をコギングと言っています。鉄心部が磁石に吸引されることが発生の理由です。コイル3極、マグネットの磁化が2極のモータの場合、60度回転するごとに指回しで感じる抵抗トルクに大小が生じます。このコギング現象は、モータが通電されて普通に回っているときも発生していて、モータ回転のムラになります。

　そして、メカニズムを動作させるのに必要なトルクに対し、コギングトルクの方が大きい場合、モータ回転の停止位置は上に述べた60度の間隔付近に強制されます。

　コギングによる回転ムラと回転停止位置の制約、この2つの現象が、レーザーピックアップのスムーズな位置制御を邪魔していたのです。では何故、これまで使用していたモータよりコギングが大きかったのか……。

　それは、モータ開発の目的が違っていたからです。問題になったモータはC社さんで作られ、カメラのズームレンズの駆動用に開発されたものでした。カメラのズームレンズ駆動用としては、おそらくコギングが大きくなったとしても、小さいサイズで大きなトルクを得られるモータを使う必要があったのだと思います。軽いコンパクトな設計でズーム時間が短いことが要求されますから、当然そうなるはずです。

　したがって、本項の問題の原因は、モータ開発の目的を達成する過程で何が優先され何が犠牲になっているかを理解しないで、サイズと最大トルクと諸々の信頼性項目がOKであるとの裏付けだけで、CD-ROMに採用したことにあります。

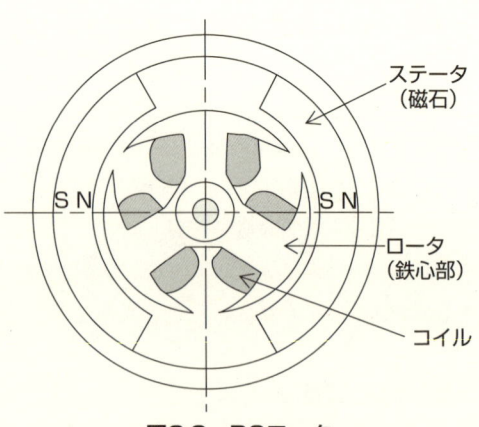

図3.9　DCモータ

・実施した対策

レーザーピックアップの送り用に開発された、M社のモータに変更しました。

> **教訓**
> ① 製品（部品）はその使用目的に対して最適にするために色々の方策を用いています。よく似た形状をしていて、よく似た特性を持っていても、表に出ない大きな違いがあることは当然です。その方策は、開発の目的たる最終製品には必要なことであっても、他の最終製品には災いとなることもあるのです。新規製品（部品）を採用するときは、その製品の開発目的を確認し、その目的ゆえに行っている隠れた仕様が、自分が係わっている設計に適合できるのかどうかチェックする必要があります。
> ② 鉄心コイル型（コアタイプ）のDCモータは大なり小なりコギングがあることを認めたうえで、設計に用いるべきです。上の例ですと、少なくとも、モータにおける60度ごとのトルクムラの影響を、ピックアップのアクチュエータの作動範囲内（制御に関する余裕も含め）でカバーできるように減速比などを考慮すべきです。

・雑感

これに似た話にエンジンの馬力があります。学生時代に先生から聞いたのですが、例えば同じ最大出力100HP（またはPS、最近はSI単位でkWが使われます）でも、車用と土木建築用と船舶用では違うとのことです。

車の場合は、追い越しなど想定して最大出力は何分間か出ればいい値、建築用の場合は、作業時間を想定して何時間あるいは何十時間か連続で出せる値、船舶の場合は、エンジンが動いている間は常に出さなければならない値であると記憶しています。

だから、同じ100HPでもエンジンの大きさは用途によって随分違います。用途によって実態が変わる一例としての古い記憶です。

3-2-2　モータ騒音のあれこれと対策

> **背景・予備知識**
> モータといっても様々な用途に応じて様々な種類があります。この項での対象はオーディオやOA機器に使用される小型のDCモータです。

・**発生した問題**

　モータが回転しているとき発生する騒音、すなわち聴感ノイズ（acoustic noise）についての問題です。4つの例を挙げます。

① 車載用CDで、選曲時つまり、ピックアップをモータで移動させているときの騒音が大きい。
② CD-ROMでデータを読み取っているとき異音がする。
③ ハードディスクドライブ（HDD）の動作時の騒音
④ DVD-ROMで騒音（ノイズ）を小さくするため行った対策で副作用が起きた。副作用とは、モータが原因の新たな振動騒音である。

・**原因**

　具体的な原因を「発生した問題」の項の番号と対応させて個々に述べます。

① ピックアップをモータで移動させているときの騒音をFeed異音といっていました。Feed（送り）用のモータの軸と軸受けのクリアランスが規格値に対し、異音が問題になったモータのロットは平均値で$7\mu m$大きくなっていました。
② CD-ROMの読み取り速度を12倍速から24倍速に変更しましたが、モータは変更しなかったため、駆動用の電源波形とのマッチングがずれて電磁ノイズが発生したのが原因でした。
③ HDDモータ駆動電圧のスペアナ解析で高周波のレベルが高いことが分かりました。
④ 本問題に先立って、モータノイズ対策として磁気オフセットを小さくしていました。このためKt（トルク定数）が大きくなり、ブレーキングの特性が駆動用の電源波形とミスマッチになっていたのです。ノイズを小さくするために実施した対策が別のノイズ問題の原因となったのです。磁気オフセットとは図3.10

に示す距離です。

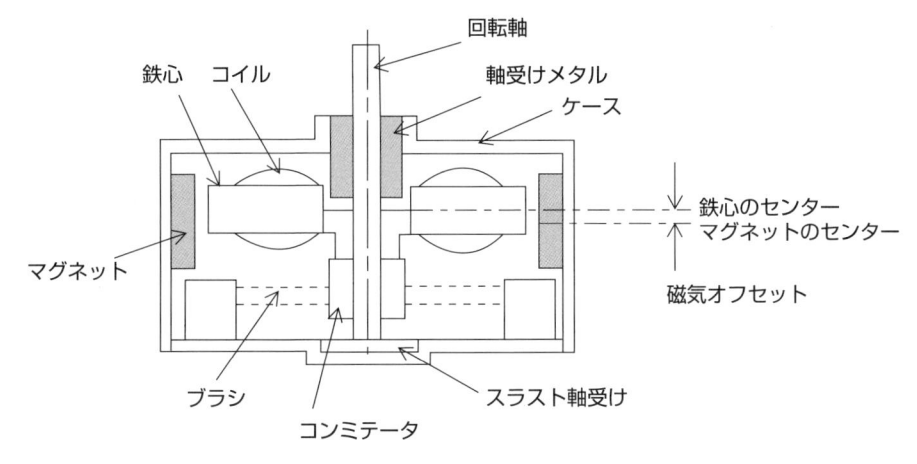

図3.10 DCモータの磁気オフセット

上記の例も含め、モータの聴感ノイズの一般的発生原因は、経験によると次のようなものが挙げられます。
* 主軸を支えるベアリング
  ボールベアリングの場合は予圧の不適正、メタル軸受けの場合は材質とクリアランスの大きすぎ
* マグネットの磁気センターと、コイルのコアの磁気センター間におけるオフセット（磁気オフセット）による電磁騒音
* 異物の入り込みによる擦れ
* 駆動波形による高周波の発生
* 巻線の線間振動

巻き線の線間振動の例は、経験はあるのですが、筆者の記録の中には見つからなかったので割愛します。

・実施した対策

以下も「発生した問題」の項の番号と対応させて述べます。
① 仕様書に記載されていた騒音規格を10dB下げ、軸と軸受けのクリアランスの規格を厳しくしました。

② 磁気オフセットを1／3に小さくしました。
③ 波形のなまし回路（スナバー回路）を用いて高周波をカットしました。モータコントロールの回路定数を変更して（実際はモータ駆動ソフトの変更）マッチングをとりました。
④ 磁気オフセット量を対策前と後の中間の値にしました。

> **教訓**
>
> モータから発生する聴感ノイズも上に述べたように色々な原因があります。ノイズを収録してFFTアナライザーでの解析をすると、原因を表わす固有のパターンをつかめることがあります。このようなパターンを収集し分類しておけば、問題の原因追及が速いことを学びました。聴感ノイズの取り込みは第4章4項を参照ください。また、聴感ノイズが電気ノイズと関係を持って現れるものは電気ノイズとして捕まえればよいと思います。

3-2-3　電気ノイズからみたモータの定格

背景・予備知識

　バリスタは付加される電圧で自分自身の電気抵抗が変化する素子です。所定の電圧以上になると急激に抵抗が低下する性質があります。この性質を利用して、電子機器を異常電圧から守る機能を持つ素子として用いられます。例えば落雷による高電圧のサージから、電子回路を守るのです。

　同じように、この性質を利用して、ブラシ付きDCモータではコンミテータ（整流子）で発生する電気ノイズを除くために、バリスタを使用しているものがあります。図3.11と図3.12にDCモータにバリスタを使った回路例と、バリスタ単体の特性を示します。

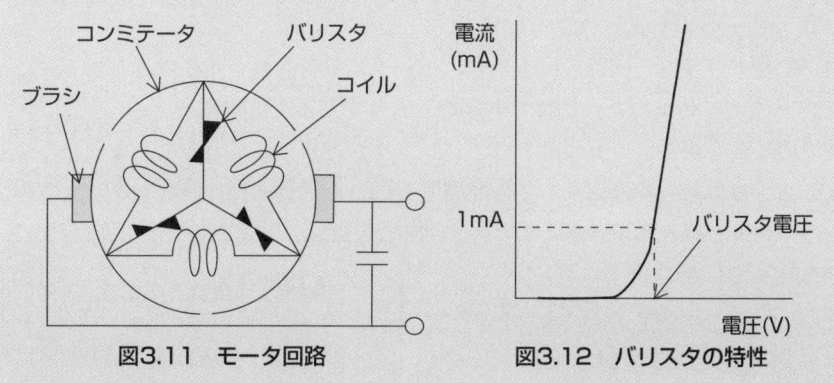

図3.11　モータ回路

図3.12　バリスタの特性

　図3.11の場合、モータのコイルはデルタ（三角状）結線になっています。モータコストの関係でAV機器などの小型モータには多く採用されています。その他にスター結線という方法もあります。なお、実際の回路にはその他に抵抗なども用いますが、図3.11はバリスタの使い方を分かりやすくするため付帯的な回路は省略しています。

　図3.12に示しているように、バリスタが急激な抵抗の変化する電圧をバリスタ電圧といっています。

　この項では、このバリスタ電圧に関係して「定格」について考え直すことが主題です。メカ設計の皆様にも認識しておいて欲しいことです。また、ここで使用される数値は一つのモデルケースです。

・発生した問題

　CD-ROMドライブの構成部品であるレーザーピックアップを移動させるモータ（送りモータ）が、設計どおり回らず動作不良になりました。（送りモータについては図3.8を参照してください。）

・原因

　本項で述べるレーザーピックアップを移動させるためのモータは、上で説明したように電気的ノイズ対策としてバリスタを用いていました。そして、メカニズムの設計者がこのモータを採用した時点では、モータ仕様書に記載されていた次の項目を判断の基準にしました。

①　定格電圧　　　　1.5V
②　電圧使用範囲　　0.7 – 3.5V

　CD-ROMドライブの回路設計者から、モータに負荷される電圧は通常で1.5V、最大で3Vと聞いていたので、これで十分使えるはずだったのです。

　当然のことながら、メカ設計者は、バリスタが使用されていることなど知るよしもなく、さらにその特性に関しての配慮することなどは頭の片隅にもなかったのです。バリスタという素子のあることさえ知りませんでした。

　さて、当のモータですが、モータメーカーの設計者の立場では、定格電圧が1.5Vですと、電気ノイズをできるだけ除くために定格よりわずかだけ高い電圧、例えば1.8Vとか2Vにバリスタ電圧を設定するようですし、現実に設定されていました。(実際は、極端な作用を避けるために抵抗などを入れています。)

```
ABC-Motor co.

Super Motor 001
input : DC1.5V 0.2A
MaxTorque : 20gf-cm
Reted Rev. : 2000rpm

                Made in Japan
```

定格表

　一方、そのモータを使うCD-ROMドライブの設計者は、定格電圧を制御電圧の中心値とし、最大電圧が電圧使用範囲を越えないような設定にしたのです。つまり、メカニズムが大きなトルクを必要とする場合、定格よりも高い電圧でモータを駆動するように設定しました。

このような設定下で、制御電圧が1.8Vとか2Vを超えるとバリスタ電圧に達して抵抗が急に下がり、バリスタを大きな電流が流れます。そのためモータの実駆動電圧が下がるのです。その結果、出力としてのトルクが下がり、モータが回らない事態が発生したのです。

・実施した対策

　CD-ROMドライブの設計者は、ドライブの制御最大電圧3.2Vをモータの定格電圧として再設定し、使用電圧範囲を0.7－4.5Vに変更しました。

　モータメーカーは、バリスタ電圧が3.2Vより少し高いバリスタに変更しました。

> **教訓**
>
> 　この項の教訓はバリスタに限ったものではありません。製品に使用する部品を選定するとき、仕様書を検討し、必要な諸元を確認したり、部品メーカーに変更を依頼したりします。このとき、仕様書中の「定格」は、それが何を意味しているのか確認する必要があります。
>
> 　上述のモータに例をとり、定格回転数が2000rpmで、実使用回転数は1500rpmとします。この数字をもって能力に余裕があるから大丈夫だと考えるのは間違いです。なぜ、その値が定格なのか知る必要があるのです。効率最高点かもしれません。あるいは軸受け寿命を長くする回転数かもしれません。
>
> 　それを知ったうえで、定格と実使用の違いを許容できるかどうか判断することが必要です。現実は、定格から外れた状態で実使用しても多くの場合において問題がないため、ついこの基本確認を怠っていることを再認識しましょう。

第3章 3-3 プラスチックについて

3-3-1 意外、加水分解により分子量が低下

背景・予備知識

　水には強いといったイメージのあるプラスチックが、空気中の湿度により加水分解する場合があるのです。おそらく、本項を読まれている多くの技術者皆様も、このような認識はあまりないのではと思います。筆者自身は問題が起きるまで認識がありませんでした。
　ちなみに加水分解を百科事典で調べると「加水分解は化学的結合が水を得て解けること」とあり、それぞれの化学物質で反応形態は違うようです。

・発生した問題

　図3.13に示すようにCDドライブの中で、ディスクを保持し回転をさせる部分をターンテーブルといいます。
　多くのCDドライブでは、スピンドルモータの回転軸に、このターンテーブルを圧入しています。圧入とは、軸より小さい直径の穴に軸を無理やり押し込んで一体化する組み立て方法です。そのため、圧入後のターンテーブルには、自分自身をモータの軸に固定保持する力の反作用として穴を拡げようとする力が常にかかっています。
　そのターンテーブルの圧入部分が割れたのです。

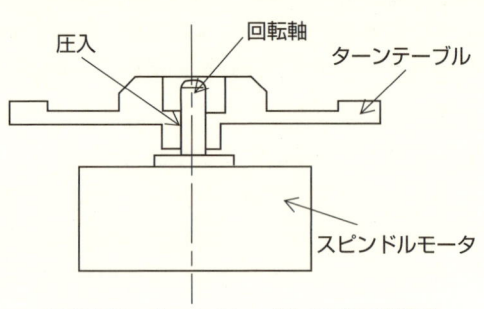

図3.13　ターンテーブルの圧入部断面

・原因

　ターンテーブルの材質はガラス繊維強化ポリカーボネートでした。そして、この材質の一般的加工法であるプラスチック金型への射出成形法によって作られていました。
　射出成形は、図3.14のようなプラスチックを米粒状にしたペレットを材料として使用します。射出成形を行う成形機にはペレットを受け入れるホッパーといわれるペレットの一時貯蔵部があります。（図3.17を参照してください。）

ナイロン　4×2×2.5mm　　　　ポリアセタール　4×2×2.5mm
図3.14　ペレットの例

　本項の問題は、ホッパーにペレットを残したまま一日の作業を終了し、翌日は前日の終了状態からそのまま作業を開始していたことや、ペレットを小出しした残りは開封のまま、一時的な保管をしていたことが原因でした。
　このような場合は、材料を十分な乾燥状態に保つために定められた管理の対象外だったのです。そのため、ペレットが吸湿していました。吸湿した状態のペレットが成形機中で加熱溶解される過程で加水分解を起こしたのです。
　加水分解により材料の分子量が、通常の20,000から13,800くらいに下がることにより強度が低下し、ターンテーブルの圧入状態では脆性破壊領域になっていました。脆性破壊とはもろさが原因の破壊のことをいいます。
（参考：分子量とは炭素原子の重量を12とした場合のその分子の比較重量のことです。）

・**実施した対策**
① 　ペレット乾燥時間の管理を再度見直しました。
② 　成形開始時には、ホッパー等にある残留ペレットを完全に取り除くことにしました。
② 　小出しで放置されたものや、取り除いた残留ペレットは再乾燥し使用することにしました。
　　一例として挙げますと、ポリカーボネートの乾燥条件は次のようなものです。
　　　ホッパードライヤー　温度115℃　時間3～4時間
　また、乾燥した樹脂は使用の直前までドライヤーに保管することと、加熱していないホッパーの中での短時間の保管は、ホッパーをシートのようなものでカバーす

ることが必要です。

> **教訓**
>
> 　多く場合、部品の使用時の応力状態にはかなりの余裕があるのが普通です。したがって、加水分解についての配慮をしなくても、ほとんどは問題が生じないのです。
>
> 　そのため、成形屋にしても製品の設計者にしても、本項のような問題に遭遇しないと、プラスチックが加水分解するなどの知識を得られないのが普通、と言ったらよいのではないかと思われます。
>
> 　しかし、何かの理由により厳しい設計を余儀なくされた場合は、材料の仕様書をきちんと確認し、厳しい設計要求に対してマイナスになる事項をピックアップして、そのマイナスをカバーするための指示を図面の注記などに書き込む必要があります。

・**雑感**

　圧入部に割れが起きれば、普通はまず寸法をチェックし、応力の計算をし直します。そして、それらに問題がなかった場合、「はてどうして割れるの？」となります。本項のような結論に至るまでに多くの時間が経過するのです。雑学でもいいから、知っていればすぐ確認を行えます。

3-3-2 簡単・有効アクリル樹脂の光学設計

背景・予備知識

機器の照明やパイロットランプなどで、スペースやデザインの関係により、直接光源を用いて照明ができず、透明材料の導光部品を用いることがあります。

液晶パネルのバックライトなどのように、照明として本格的に最適設計をする必要のあるものは、それなりの光学的シミュレーションを用いて均一な、あるいはロスの無い導光設計をしているはずです。

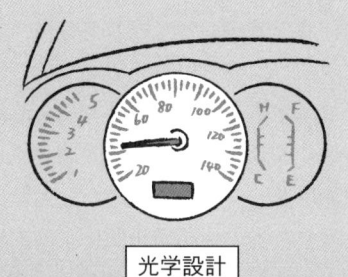

しかし、簡単な機器には、軽い気持ちで適当な導光形状で設計を進める場合が結構多いことは皆様も心当たりがあると思います。

本項は、簡単な導光部の知識でもって、簡単な計算で、それなりに合理的な形状に設計する話です。

・発生した問題

ステレオの各種ファンクションの文字を光透過タイプとし、一つの光源で複数のファンクション文字に光を分割し導光する構成を設計・試作しました。筆者のいた部署の設計者が行ったものです。導光部品の材料はアクリル樹脂を使用していました。

金型による試作品ができて、確認をしました。まず、ファンクション文字間に明るさムラがあることが分かりました。そして、光源の明るさから推定すると、すべての文字の明るさの合計がどうみても暗いのです。

・原因

導光部材から、光をできるだけ外部に漏らさないための、裏付けの計算をしないままに、導光部の幾何形状を決めていたことが原因でした。

・実施した対策

　この問題の場合は、既に金型も完成していたため、設計をやり直した後に金型を変更する時間がありませんでした。そのため、便宜的な方法で対処しました。具体的には、光が漏れている部分については反射用にアルミ箔でカバーをし、光のムラについては明るい部分の入り口に黒ペイントを施すなどで切り抜けました。

　本項で紹介するのは「実施した対策」ではなく、このトラブルを繰り返さないために仕入れた知識です。問題のすべてにわたるものではなく、導光についての、一番簡単な一つの知識です。しかし、知っていれば役に立つはずです。

　最も基本の屈折率に関係する内容です。アクリルの方から空気中に光が向かう場合を考えます。図3.15のように入射角がi、屈折角がrであるとします。2つの角の間には、次の関係があります。

$$\frac{\sin i}{\sin r} = \frac{n_r}{n_i}$$

図3.15　屈折率

　ここでn_rは光が出て行く側の物質の屈折率、本項の例では空気の屈折率で1です。n_iは入射角を与える物質の屈折率で、本項ではアクリルの場合で1.49です。くの字に曲がった導光部から光が外に出ない角度を考えます。光が外に出ないということは屈折角rが90°以上を意味します。これを臨界の角として、上の式に90°を代入して計算します。

$$\frac{\sin i}{1} = \frac{1}{1.49}$$

　この式を解くと$i ≒ 42°$となります。したがって、導光部品に入った光源からの

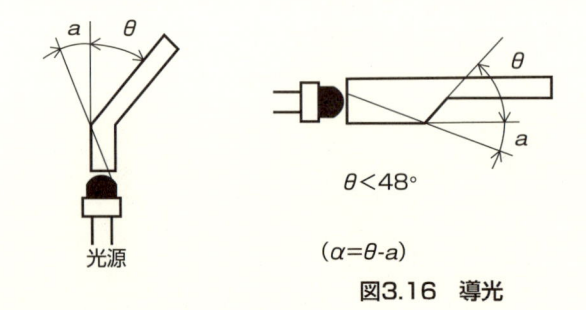

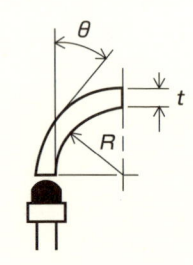

$θ<48°$

$(α=θ-a)$

図3.16　導光

光が外に出ないためには、図3.16に示す角度θは48°未満となります。

　48°の計算結果は、光源からの光が導光部品に向かって平行光であることが前提です。実際は平行光だけではありません。斜め角aを考慮した$a = \theta - a$で計算される値を用いれば理想に近づきます。

　図3.16の右図のように、円弧状の導光部については、内径をR、導光部厚さをtとすれば、

$$R = \frac{t \cos \theta}{1 - \cos \theta}$$

が導けます。$\theta = 48°$を代入すると、$R ≒ 2t$となります。内径は導光部厚さの2倍より大きくする必要があるということです。

> **教訓**
> 　上のような角度を知っていれば、あるいは角度についてノートのメモを見れば分かるようにしておけば、簡単な不都合が避けられます。
> 「アクリルの斜面は48°以下」だけでも認識しておきたいものだと思います。

・雑感

　光ファイバーは細い線が二重構造になっていて芯の方をコアといい、外の被覆にあたる部分をクラッドというそうです。そしてクラッドよりコアの方の屈折率を高くすることによる全反射を利用し、光をファイバー内に閉じ込めるのです。

3-3-3　スーパーエンプラの長所と短所

> **背景・予備知識**
>
> 　スーパーエンプラPPS（Polyphenylene Sulfide）は熱可塑性エンジニアリングプラスチックです。荷重たわみ温度260℃以上と非常に耐熱性があり、機械的強度、剛性、難燃性、寸法安定性、耐クリープ性、耐薬品性に優れています。さらに、コストパフォーマンスも優れているのです。
> 　その特性から、金属の代替としても使用されています。

・発生した問題

　CDドライブの主要部品にレーザーピックアップがあることはご存知だと思います。レーザーピックアップについては、この本の他の項でも取り上げています。ピックアップはCDやDVDのディスクの情報面にレーザー光の焦点（フォーカス）を合わせて、情報を読み取ります。ディスクの情報面は、ディスクのそりなどによりピックアップからみると上下に激しく動きます。この動きに追従して、フォーカスを合わせるため対物レンズの位置制御が行われます。

　この位置制御にかける負担を少なくするために、ドライブの製造時に次のような調整しています。ディスク情報面の上下移動の中心にレーザー光の焦点を合わせたとき、ピックアップの対物レンズが対物レンズ可動範囲の中心になるようするのです。

　この調整は完全のものではなく、ずれが生じます。このずれ量をフォーカスオフセットと呼んでいます。フォーカスオフセットにはメーカーとしての社内規格が設けられています。

　ところが、問題の生じたドライブはフォーカスオフセットを定められた規格内に調整することができなかったのです。ディスクの内周で調整したとしても外周では規格から外れるのです。

　このようにフォーカスオフセットを調整できない問題が多発して、CDドライブの製造に支障をきたしました。

・原因

問題になったCDドライブはスピンドルモータを取り付ける座の部分にPPS製の部品を使用していました。PPSは最初に書いたように非常に優れた特性を持っているため採用したのですが、問題が起こって初めて、それまで認識していなかった短所を持っていることが分かりました。

その短所とは、次の2点です。
- PPSは分子構造に硫黄を含むため金型の腐食や磨耗が大きい
- 加熱溶融したときは高流動性を持ち、バリを生じやすい

図3.17に示すように、金型のゲートからキャビティーに熱で溶融したPPSが射出されます。射出されたPPSが最初にぶち当たる金型の面が腐食により面剥離を起こしていました。したがって、剥離を起こした金型で成形されていたのです。しかも、この剥離した面が、成形された部品のモータ取り付け面となっていたのです。また、モータを止めるねじが通る穴の周辺には腐食と高流動性のため、バリが発生していました。

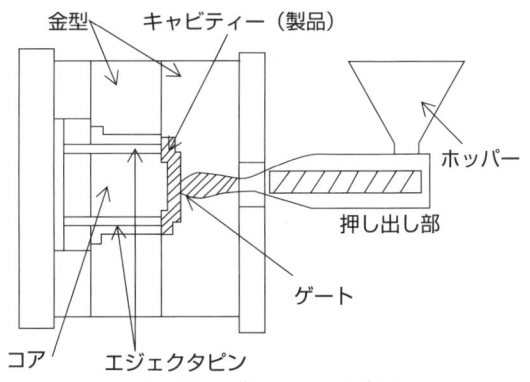

図3.17　プラスチック金型

この結果、モータはわずかに傾いて取り付けられていたのです。モデル的に描いた図3.18を参照してください。PPS製の取り付け用座に、金型の表面剥離により、*印部にわずかなふくらみができました。そのため、スピンドルモータが$\Delta\theta$（ラジアン）だけ傾いていました。$\Delta\theta$は微小角であり、ピックアップが距離dを動いた場合、フォーカスのオフセット変化量として$d\Delta\theta$を与えることになります。この変化量が情報面の上下移動の中心をずらし、フォーカスオフセットの調整ができない原因となっていたのです。

図3.18　フォーカスオフセット

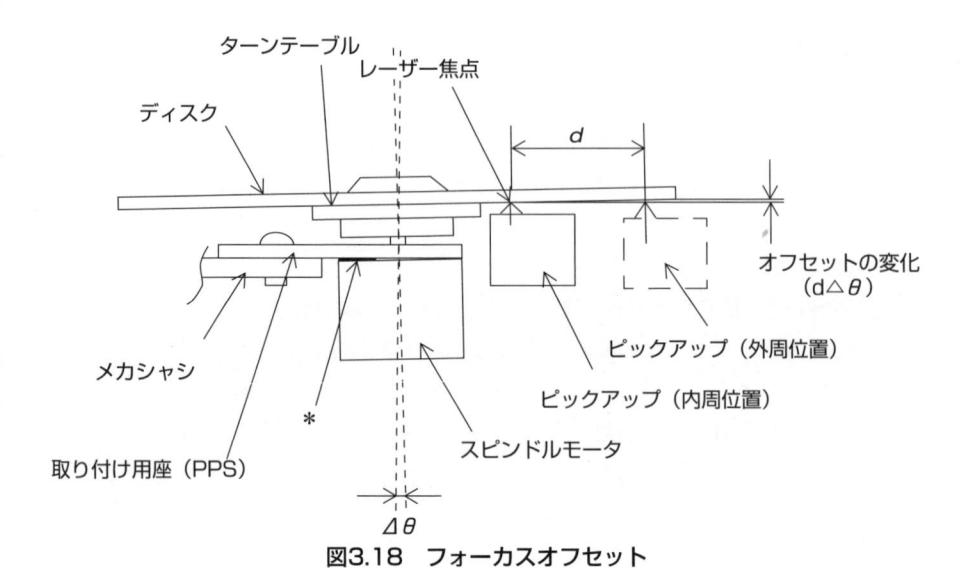

・**実施した対策**

　金型に面剥離が生じたとしても、フォーカスオフセットに関係しないように、金型の改造によりゲートの位置を変更しました。

> **教訓**
>
> 　一般に、物事には表と裏があるように、プラスチックでも良い面と悪い面の両方が存在することが多いようです。例えば、剛性が大きい材料は靭性が小さいといった具合です。長短表裏一体なのです。
> 　PPSの場合、上記の短所を改良したグレードがあります。使用する場合は確認してみてください。
> 　良い所を活かし、悪い所は何かで補う。そのためには悪い所を知らなければなりません。さらにそのためには、部品を発注するとき、どのような使い方をし、部品に求められるポイントが何なのかを、発注先業者とよく打ち合わせをしたうえで、材料が持つ短所を補う知恵を入れ込むことが重要です。

・**雑感**

　セールスマンや営業は、とかく商品の優位な面のアピールに専念します。それは当然です。だから、設計者は商品のウイークポイントを意識的に聞き出すことが必要です。

　聞き出す目的は、その商品を否定するためではなく、採用するならお互いがうまくいく策を、前もって講じておくためです。そのような思いで打ち合わせを進めれば、相手もむやみに隠さないはずです。

3-3-4 プラスチック使用上の注意点のまとめ

> **背景・予備知識**
>
> この項では、プラスチックの使用上で、筆者の経験した役立つ知識をまとめてみました。筆者のノートに「設計上配慮すべきこと」として記録されているものです。したがって、項目のすべてがトラブルに至ったわけではありません。

・一般的問題

★ ソルベントクラック

　プラスチックの中に特定の化学成分が入ることにより、負荷されている応力値よりプラスチックの強度の方が小さくなってクラックが発生することで、ストレスクラックの特殊な例です。

　化学成分としては、有機溶剤、潤滑剤、防錆剤、洗剤、接着剤、塗料などがあります。

　ナイロンやポリエチレンを除いて、プラスチックは一般に有機溶剤に弱いことには注意が必要です。特にスチロールやアクリル樹脂などは、この傾向が著しいのです。

　有機溶剤だけでなく、金属部品によく使用する切削油とか防錆油などは脱脂処理により十分に取り除く必要があります。

★ 可塑剤の移行

　プラスチックやゴムのような高分子物質に軟らかさを与える化学材料を可塑剤と言います。一番ポピュラーなものとしては、塩化ビニール（塩ビ）に使用されているフタル酸エステルがあります。

　プラスチックに使用されている可塑剤は表面ににじみ出ることがあります。液状の場合、ブリードといい、粉末状の場合ブルームと言います。これが近辺のプラスチックと反応します。そして、相手を溶かしたり、強度を下げたりします。

　対策としては、ポリエチレンのフィルムを間に入れるなどがありますが、基本的には、プラスチックメーカーさんに可塑剤に関する確認をとることだと思います。

・各樹脂の問題

★ ナイロン（ポリアミド）
① 樹脂としては吸湿性が大きい性質を持つことを考慮する必要があります。吸湿により寸法の変化（0.2〜0.25％）や絶縁性の低下が生じます。
② 高温で負荷状態にすると不可逆な変形をしやすいので、十分な仕様書の確認が必要です。
③ 可塑剤入りは上述の「★可塑剤の移行」のような注意が必要です。

★ ポリアセタール
① 溶融時のポリアセタールは銅がポリマー分解の触媒となるようです。真鍮製の軸のインサートなどは避ける方が無難です。
② 接着や塗装は困難です。必要な場合は、前処理やポリアセタールの接着を意図した接着剤を使用すること。（それでも接着強度は大きくありません。）
③ 熱で分解すると有害で刺激の強いホルムアルデヒドのガスが出ます。用途によっては好ましくないので、製品使用法や部品組み立て法の状況を調査する必要があります。
④ 強度、潤滑性、寸法安定性、帯電防止性などが異なった非常に多くのグレードがあります。カタログなどで最適なものを選択しましょう。
⑤ 成形収縮が大きいため、歯車の材料として使用した場合、正転位した歯形になる傾向を持ちます。

★ ポリカーボネート
① ペレットの吸湿によって、成形時に加水分解による分子量の低下が生じ、強度が大きく下がります。ペレットを適切に乾燥させているかどうかを成形メーカーに確認しましょう。
② 表面硬度は鉛筆のHB程度で、同じ透明樹脂のアクリルより傷が付きやすい材料です。
③ ポリカーボネートは、耐衝撃性に強い材料として使用されますが、応力集中に敏感な面を持つので設計形状に配慮が必要です。
④ 繰り返し応力に弱い面があります。これに対してはグレードの選択をします。
⑤ 有機溶剤や可塑剤によってソルベントクラックを生じる可能性があります。

- ★ 超高分子ポリエチレン
- ① 摺動部などに利用されます。成形でなくシート状のものを必要な形状にカットして使用するのが一般的です。粘着剤つきのテープになったものもあります。
- ② 使用温度の上限が80～90℃であることを配慮しましょう。
- ③ 接着や塗装が困難です。
- ④ シート状部品になったものを、自動機などにねじ締めで取り付けるような場合、金属に比べ柔らかいため破損する場合があることに要注意です。

- ★ PPS
- ① 前項でも述べましたが、PPSは分子構造に硫黄を含むため、金型の腐食や磨耗が大きい場合があります。
- ② 加熱溶融したときは高流動性を持ち、バリを生じやすいので要注意です。
- ③ 応力集中に敏感な面を持つので、設計形状に配慮が必要です。
- ③ 結晶性樹脂のため、寸法精度や強度が結晶化の度合いで変わります。結晶化度を高めるためには、金型温度を上げるとかアニールをするとかの方法があります。アニールをすると結晶化が進むことにより寸法が変化します。

結晶化

(アニールとは：成形時の残留応力を取り除くなどの目的で、材料により異なりますが、一般に90℃くらいに加熱し、一定時間保持後に徐冷します。金属では焼きなましと呼んでいます。)

- ★ 液晶ポリマー
- ① 成形時の流れにより分子の方向がそろい、強度や収縮率などに強い異方性を示します。ゲート位置や製品形状に配慮が必要です。

- ★ フッ素樹脂
- ① 摩擦係数が小さいため摺動部に使用されますが、耐摩耗性はよくありません。磨耗の対策として充填剤を加えます。これには、ノウハウがあり、専門メーカーに依存することが多いようです。
- ② 他のエンプラに比べて機械的強度が低いプラスチックです。

・**雑感**

　プラスチックに関する書物は多くあります。この項で説明したことも、きっと、どこかに同様なことが述べられていると思います。

　この項の内容は、一般的なプラスチックの知識の中で、OAやAV機器技術者が出くわす可能性の強い項目のピックアップと考えていただきたいと思います。

3-3-5　技術者らしいプラスチック部品価格の見積もり法

> **背景・予備知識**
>
> 　本項は純粋な技術問題ではありませんが、現場設計者にとって重要なアイテムである部品価格について、その見積もり法の例を挙げます。
> 　皆さんが設計している製品は、それが市場に出て行くものである限り、価格についての配慮は避けて通れない重要なファクターです。技術的に優秀な設計であっても、価格が見合わないと売れませんし、その前に生産が許可されないでしょう。
> 　そんな価格に焦点を当てました。

・発生した問題

　担当した開発製品の見積価格が他社製品に比べて高くなり、生産に向けての開発の続行が危うくなりました。

・原因

　原因の一つとして、部品価格の見積もりや決定を資材担当任せにしていた点が挙げられます。このため、設計者が設計時点でどのような配慮をすれば、使用する部品の価格が安くなるのかについて十分な検討がなされていませんでした。技術的な観点のみで設計を進めていたと言えます。さらに、価格の検討をするにも、具体的にどこをどうすればいいのかについては、明確な指針がありませんでした。

・実施した対策

　プラスチック成形品の場合を取り上げます。成形品が製造されるプロセスを基にして、筆者なりに理解できた価格の成り立ち過程を、パソコンの表計算に導入し計算できるようにしました。したがって、皆さんの会社の資材部門の見積もり方式とは当然違います。

　目的は、設計時に"どうすれば妥当な価格"になるかの目安を立てることです。実際の価格決定は、製造面だけでなく、経営事情などの要素が入ることは理解していただけると考えています。繰り返しますが、あくまで設計段階で価格に対する配慮を簡単に行うことが前提です。

では、その計算法を紹介します。紹介する計算法を表計算シートに入れます。次に説明する項目を「列」に配置し、各部品を「行」に配置すれば、1行で1部品の価格計算ができます。実際の設計時は表計算シートの必要な項目へ数値を入力すれば即回答が得られます。そして、何を変えれば価格が下がるのかも簡単に試行錯誤できます。

入力値は、自分で調査したり、生産予定数や部品機能や付帯条件を考慮し、設計者が決めたりすることのできる値です。この入力値は個々の会社や、部品の種類によって変わります。したがって、読者各位のノウハウとして有効な蓄積となるはずです。

記号は計算式を簡略にするため筆者が適当に定めました。

★材料費関係

▲入力　　原料価格　　　　　　MP　　円/kg　　　あらかじめ調査

　　　　　部品重量　　　　　　WP　　g/個　　　CADデータより計算（体積、比重）、あるいは手造り試作品の測定

　　　　　ランナー重量　　　　WR　　g/金型　　過去例より想定

　　　　　再生率　　　　　　　R　　　％　　　　ランナーの再利用率を意味し、製品の機能から決定（0もあり得る）

　　　　　取り数　　　　　　　N　　　個　　　　製品の大きさ、必要数から決定

▲計算　　1金型当たりに必要な原料　WPC　g/金型

$$WPC = (WP \times N + WR) \times (1 - R/100)$$

　　　　　1部品当たりに必要な原料　WPP　g／個

$$WPP = WPC/N$$

　　　　　1部品当たりの材料費　MC　円／個

$$MC = MP \times WPP/1000$$

★成形費関係

▲入力　　成形時間　　　　　　T　　　秒　　　　実態を要調査

　　　　　成形機使用費　　　　MRC　円／時間　資材の資料で目安をつかむ

　　　　　人件費　　　　　　　LC　　円／時間

　　　　　1成形機当たりの人員　MPM　　　　　人／成形機　一般には1以下

　　　　　成形ロス　　　PR　　％　　　　実態が重要、ごまかされないこと
▲計算　　直接成型費　　IC　　円／個

　　　　　　　IC =（MRC + LC×MPM）×T/3600/N

　　　　　成形ロス費　　PRC　円／個

　　　　　　　PRC =（MC + IC）×PR/100

　　　　　成型費合計　　TIC　円／個

　　　　　　　TIC = MC + IC + PRC

★付帯費用関係

平素の成形メーカーとの打ち合わせなどで、機会を見つけて情報収集することをお奨めします。

▲入力　　印刷・後加工費　PPC　円／個
　　　　　副材料費　　　　SC　　円／個
　　　　　検査・包装費　　PAC　円／個
　　　　　輸送費　　　　　TRC　円／個
▲計算　　製造原価　PC　円／個

　　　　　　　PC = TIC + PPC + SC + PAC + TRC

★経費・利益関係

▲入力　　経費率　　　ER　　％　　　会社の資材が認めている率があるはず
　　　　　利益率　　　GR　　％　　　会社の資材が認めている率があるはず
▲計算　　経費　　　　EC　　円／個

　　　　　　　EC = PC×ER/100

　　　　　利益　　　　G　　　円／個

　　　　　　　G = PC×GR/100

　　　　　部品価格　　FP　　円／個……これが求める値です。

　　　　　　　FP = PC + EC + G

　筆者の経験では、「入力」の値には簡単には得られないものがあります。ストレートに成形メーカーに聞いても教えてもらえないはずです。したがって、まずは大まかな目安値を入れたらよいと思います。そして、技術問題などに絡めて、ロスがどのくらい出て、どのくらい再生するのかを確認するなどして、目安値の精度を上げるのです。その他の入力値も同様に知恵を出して入手するのです。ある期間が過

ぎれば目安値が実用値になります。

> **教訓**
> 　設計者が決めることのできるパラメータを、色々変えて試算できる表計算シートを一度作っておけば、後は時間をかけず、価格に及ぼす要因と設計上望ましい要素のバランスをとりながら設計を進めることができます。

・雑感

　繰り返しますが、入力値に必要な情報は手に入れることが難しいものもあります。価格内訳の入った見積もりを数社から提出してもらうか、他部品の情報から、自分なりに適正値をつかんでおいたらよいと思います。また、海外に出た場合は、その地の労務費や機械償却のレベルなど、間接的に聞いておきましょう。

　ある程度のデータが蓄積されれば、あなたの見積もり力は資材担当者以上になる可能性があります。

第3章 3-4 ばねについて

3-4-1 引張ばねのフック部の破損についての考え方

背景・予備知識

皆さんが日常目に触れるばねとしては、大きい方はマイカーや電車の車輪の近くに振動を和らげる目的で使っているばね、小さい方ではビデオなどのふたを開けると見えるばねがありますね。

そんなばねは、働きや使用法で分けると、フック部（引っ掛ける部分）があって伸ばして（引っ張って）使うものと、縮めて（圧縮して）使うものと、ねじって使うものの3種類に分けられます。

本項では、この中で引っ張って使うもの、つまり引張コイルばねについてのトラブル例を紹介します。引張コイルばねは、図3.19に示す写真のような形状をしています。

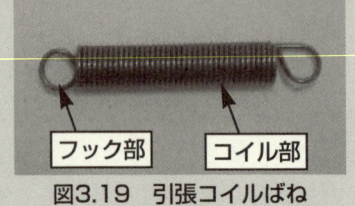

図3.19 引張コイルばね

・**発生した問題**

引張コイルばねを使用している製品の操作耐久試験（決められた操作を例えば10000回とか繰り返して実施する試験）でフック部が破損しました。

・**原因**

引張ばねの設計では、線材の材質と太さ、コイル部の直径、巻き数、ばね自体に最初からかかっている荷重（初張力）、ばねを掛ける2つの点の距離、伸ばしたとき必要な荷重などの諸元を、線材が持っている強度内で決めます。

一般には、バネの伸びが変わっても、荷重変化の少ない方が望ましい（ばね定数が小さい方が良い）とか、形は小さい方が良いなどの条件が必要とされます。そのような要件を満たそうとすると、結果的に線材が持っている強度（応力）一杯に設計することになります。

そして、上のような色々な値を決めるに際しては、多くの場合、機械屋さんは学校で習ったばねの計算法を用います。

そして、めんどうなこともあって、もともとコイル部分についての計算法である「ばねの計算」に経験的な係数を掛けて、フック部分も含めた強度設計としてすま

Chapter 3　メカニズムの要素設計を成功と失敗の事例で見直そう

せることが大半です。ばねの教科書にもフック部分のことは、多くの場合、触れられていません。でも、本来フック部分にばねの計算（コイル部分の計算）をあてはめることはおかしいのです。ばねのコイル部分はねじりによるせん断応力に依存しますが、フック部は曲げによる圧縮・引張応力に依存しているからです。

そのため、多少余裕を持った応力値を選んでいる場合には、破損は起こらないのですが、メカニズムの機能に必要な力に対し応力一杯に設計した場合に破損に至ることがあるのです。

本項の事例の破損したばねの確認計算では、負荷される応力が限界に近い値であることが分かりました。もちろん、負荷の繰り返しによる修正係数は配慮してありました。しかし、フック部として独立した計算はされていませんでした。

・実施した対策

線材の径を太くし、ばね定数が大きくなるのを防ぐためコイルの直径を許される範囲で大きくしました。この対策により、線材にかかる応力を少し下げました。

また、以降の設計計算のために、ばねのコイル部の応力計算によりフック部を含めた強度設計をする現実的方法を有限要素解析により作成しましたので紹介します。

対象は引張コイルばねで、一番ポピュラーな逆丸フックについてです。逆丸フックは図3.20のような形状のものを言います。有限要素法で解析に用いた図です。

有限要素法で作成した現実的方法とは、次の補正式を加えることです。ただし、逆丸フックでフック部の中心径がコイル部の中心径に等しい場合の計算に限られます。具体的には、これまで皆さんが用いていたワールの応力修正係数に、さらに次の修正係数を掛ければよいのです。

図3.20　逆丸フック

$$K_h = \frac{6.3}{(c-4)^2} + 1.0$$

ここでK_hはワダの修正係数とでも言っておいてください。cはばね指数で巻き線

機を使用する場合、一般に$c>4$が必要な条件となります。

　この補正式はばね指数の値4に特異点を持っていること、ばね指数が無限大つまり直線では修正係数が1となることが現状に則している特徴です。

> **教訓**
>
> 　本項では補正式を導くために、有限要素法を利用したと書きました。
>
> 　しかし、普通の設計者にとって、しっかりした有限要素法を片手間で利用することは困難です。本項の場合でも、フック部の解析モデルを作成することでさえかなり苦労しました。
>
> 　したがって、有限要素法に慣れていない普通の設計者は、まず、自分が知りたいことを明確にして、手なれた人や専門の部署の人に解析してもらうことです。そして解析してもらった結果を用いて、本項で述べた修正係数の例のような簡単に計算できる指標を得たらよいのではないかと思います。有限要素法そのものを用いるのではなく、有限要素法により裏付けられた簡易設計法となるものを作るのです。

3-4-2 ねじりばねにみたすばらしい知恵

> **背景・予備知識**
>
> 本項は、筆者が経験した問題ではなく、他社（F社）製品の分解調査で見つけた、ねじりばねに施されたすばらしい知恵を紹介します。簡単な事例ですが、このような例を知ることにより、皆様の設計にも味が付くと思います。

・知恵の紹介

　小型のメカニズムには引張ばねや圧縮バネに次いでねじりばねがよく使われます。コイル部分の2つの端を必要な形に伸ばし腕とし、コイル部分をねじる方向に負荷するのです。

　図3.22により構成を簡単に説明します。線材の径が0.8mm、コイル部の直径が15mm、巻き数3くらいのばねを想定してください。2つの腕、「腕1」と「腕2」は「コイル部」から出ています。「コイル部」は「ガイド軸」によって位置決めされます。「腕2」は「固定片」に掛けられ、「腕1」は「作動片」に掛けられます。「腕1」を作動片に掛ける作業は、「フリー時の腕1」から矢印の方向に力を加えて行います。

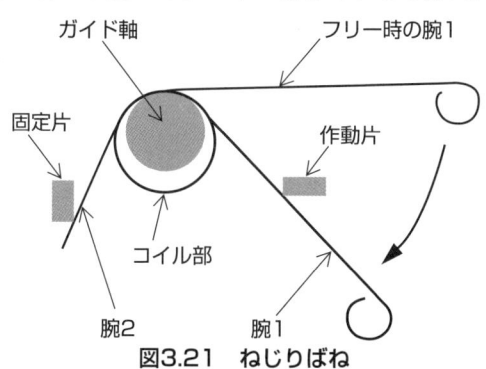

図3.21　ねじりばね

・知恵とは

　F社さんの知恵は、図3.21のように腕1の先端に直径10mmくらいのカールを付けたことです。筆者の個人的見解ですが、次に説明するような理由で、これはすばらしい知恵だと思います。

　F社はUSAの某大手プリンタメーカーのインクジェット方式の膨大な数のプリンタを中国で生産をし、実績を上げています。

組立作業

人の手による組み立て作業での大量生産の場合、とくに細かい説明が困難な海外での生産では、設計に対して次のような配慮が望まれます。
① 急な生産数の増加に対応できること
② そのためには、組み立てに特殊な治工具や一般の道具をできるだけ不要とすること。最良は素手で組み立てられること。
③ 新人でもすぐ会得できる簡単な作業の組み合わせであること

　このような生産に対する設計での配慮の一例が、腕の先端のカール付きのねじりばねです。この形状ですと、組み立てに道具は要りません。素手で組み立てても指を痛めることは避けられます。作業指導も楽です。雇ったワーカーが即実践に入れます。したがって、増産のための新しいラインやセルを作りやすいわけです。

　もちろん、このばねだけでプリンタの生産がどうのというのではなく、このような配慮がなされる背景があることが重要です。配慮が全体に及ぶと非常に作りやすい製品になっているはずです。

> **教訓**
>
> 　製品設計においては、機能面での設計が終了した後、製造をしやすくする観点から細部にわたって見直す努力（汗をかく努力でなく知恵を出す努力）が必要です。見直しに充てる時間をとるべきです。この努力をするのは設計者でなくてもよいのです。
>
> 　とかく、品質や信頼性試験での問題点の解決にのみ目が行き、その問題点の対策完了でもって設計の終了となりがちであることを認識しましょう。

・**雑感**

　知恵を出す努力に効果を発揮するのは、やはり雑学。F社でカールを思い付いた人の場合も、きっと何かで記憶に残ったイメージが思い付きを助けたのだと思います。

| 第3章 | 3-5 | **ねじについて** |

3-5-1 小ねじの規格に絡む奇妙な問題

> **背景・予備知識**
>
> 　皆さんの身の回りにある、電気製品や工具などに使われているねじ（ビスということもあります）は、ほとんどが小ねじといわれる分類に入ります。ねじはその大きさを外径（太さ）で表し、メートル法に基づいたものをM○と呼びます。例えば外径が3mmであればM3（エムサン）です。筆者が小ねじとして扱ったものはM1.6～M5くらいの範囲です。
> 　この小ねじに、規格から生じる問題がありました。

・発生した問題

　海外のサービスセンターのメンバーが、ある製品に組み込んでいるメカニズムを取り外して修理しました。再度取り付けるとき、在庫していた同じサイズと思われる小ねじを用いて締め付けたら、ねじの相手（めねじ）がバカ（ねじ山が壊れることをバカになるという）になったとの連絡が入りました。

　たまたま、修理台数が多かったのに加え、めねじは鉄板部品に直接作成されていました（ねじを切るという）。そのため、バカになると部品そのものが使えなくなり、大きな金額ロスが発生しました。

・原因

　取り付けをする鉄板部品にはM2.6のねじが切られていました。ところが、アメリカのメンバーが修理のために用意したのはM2.6ではなくM2.5だったのです。そのため引っかかり高さが小さくなりバカになりました。

　見た目には区別がつきませんが、ねじの引っかかり高さがM2.6の場合で0.244mmですから、0.1mmの外径の違いでも割合として大きいのです。

　ちなみにピッチは両者とも0.45です。

M2.6 ??

・実施した対策
　とりあえず、M2.6のねじを現地へ送付しました。そして、関係者に注意を促すしかありませんでした。

> **教訓**
>
> 　サイズの微妙に違うねじがISO（JIS）で規格化させています。このあたりの規格にはM2、M2.2、M2.3、M2.5、M2.6、M3、M3.5、M4があります。日本だけかもしれませんが、家庭にある電気製品には、この中でM2.6が比較的よく使われます。
>
> 　ISO（JIS）には、できるだけ統一した数値を使用するように標準数が定められています。標準数はランクがあり、2.5という数値は一番上のランクです。ちなみに2.6は標準数にはありません。図6.5に標準数の一部を示します。
>
> 　したがって、M2.5の方が使われるべきなのでしょうが、おそらく、これまでの長い歴史により、市場にはM2.6のねじが多く存在するため、M2.5への変更が難しいのだと思います。
>
> 　皆さんの設計において、ねじの使い方で、こんな間違いが生じると大変だと思われるところがありましたら、何らかの手を打ちましょう。

3-5-2　ねじの締め付けの実用的計算式

背景・予備知識

　この本はできるだけ数式は扱わないようにしています。しかし、設計時点でねじによる締め付け力を知ろうとすると、どうしても数式による計算は避けられません。

　そのようなことを考慮し、理論の展開や証明のための経過の式を省いて、設計のとき必要な計算式に限定して紹介します。紹介するほどのことはない簡単なものかもしれません。しかし、設計の過程でトルクを確認しようとして書物を開くと、結構めんどうな数式の展開が載っていることが多く、つい、計算を省略することになります。

　そのような実情を考慮すると、簡単な式であるがゆえに、気楽に使うことができるとすれば、紹介の意味が十分にあると思います。

　なお、紹介する数式は何冊かの書物を参照して拾い出し、実際に使ったものです。

・発生した問題

　ハードディスクドライブの設計で生じた問題です。図3.22に示すように、磁気ディスクはディスククランプと呼ばれる円盤状のステンレスの部品を介して、ねじ締めにより、スピンドルモータにクランプ（固定）されていました。クランプにより磁気ディスクが変形しないようにクランプ力は特定の値に設定する必要がありました。そして、クランプ力の設定は、ねじ締めにより調整する構造になっていました。したがって、磁気ディスクのクランプ力とねじの締め付けトルクの関係を求める必要がありました。

　さらに、すでに組み立ててあるハードディスクドライブのクランプ力を、ねじを緩ませるトルクのデータから計算し、推定する必要がありました。

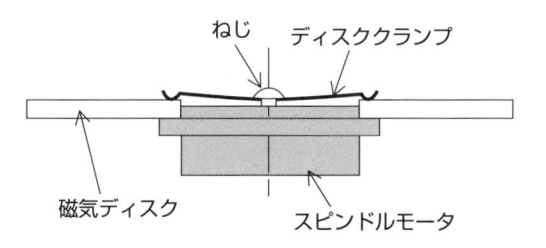

図3.22　ディスククランプ断面

・実施した計算

　ドライバーやレンチによる、ね

じの締め付けトルクと座面への締め付け力、また、締め付けた状態を緩めるのに必要なトルクの関係に的を絞って必要な計算式を説明します。

図3.23を参照してください。ねじを締め付けている状態で、締め付けトルクTとねじによる取り付け部品への締め付け力の間には、次のような簡単な関係が成立します。

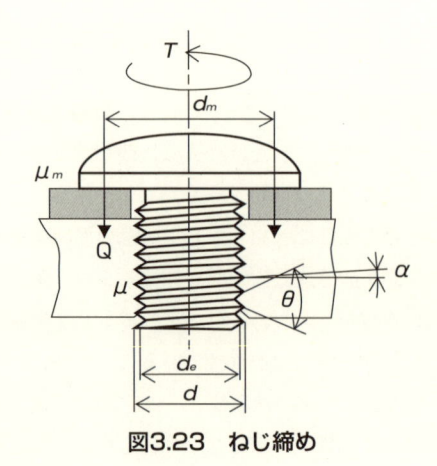

図3.23　ねじ締め

$T = QdC$　書き換えると　$Q = T/dC$

ここでQは座面への締め付け力、Cはトルク係数、dはねじの外径（雄ねじの場合は呼び径）です。ここで、トルク係数Cは次の式で計算されます。

$$C = \frac{1}{2d}\{d_e \tan(\rho \pm \alpha) + \mu_m d_m\}$$

$+\alpha$は締め付け、$-\alpha$は緩め

記号の説明

　d_e：ねじ山直径とねじ谷直径の平均（有効径）

　ρ：摩擦角　　　$\rho = \tan^{-1}(\mu_s)$　　$\mu_s = \mu\cos(\theta/2)$

　μ：雄ねじ、雌ねじのねじ山部間の摩擦係数

　θ：ねじ山角度（60°）

　μ_m：ねじ頭と座面間の摩擦係数

　d_m：ねじ頭と座面間摩擦部分の平均直径

　α：リード角

摩擦係数μはステンレスねじ、ステンレス鋼板の組み合わせで約0.2です。

> **教訓**
>
> 　設計における計算は、強度の確認や、最適な組み立て仕様を決定したり見極めたりすることが目的であり、計算式を解くこと自体は手段のはずです。
>
> 　ところが、目的と手段は、設計者の興味や得手不得手などで、すり替えられることがよくあります。難しい式を解いて、難しかったがゆえに解いたこと自体に満足し、それで何が解決したのと尋ねると口ごもることがあります。このような例は有限要素法での解析などで出くわすことがあります。
>
> 　計算は設計の手段だとすれば、同じ問題を解くなら、簡単に解ける方が実際の設計に適すると思います。

第3章　3-6　その他、諸々について

3-6-1　ボールベアリングの予圧とコンプライアンスとは

> **背景・予備知識**
>
> 　本項の題材であるコンプライアンスは、法令遵守の領域ではなく、力学の領域についてです。コンプライアンスは剛性の逆数、つまり柔らかさの度合いのことで、変形量を力で除したものです。したがって、力を変形量で除して求めるばね定数の逆数になります。
> 　問題発生の実例を参考にして、メカ設計におけるコンプライアンスの考え方を取り上げてみます。

・発生した問題

　HDD（ハードディスクドライブ）の性能判定における一つの指標であるPES（Position Error Signal）が大きく、データの書き込みや読み取りのできないものが発生しました。

　PESとは、磁気ヘッドにある磁気的読み取りギャップの中心と磁気ディスク面にある情報記録トラックの中心のズレを表す信号です。記録トラックはHDDの製造工場でサーボトラックライターを用いて磁気ディスク上に書き込まれます。

Compliance

・原因

　HDDのディスクを回転させるスピンドルモータの、回転軸を支える上下2個のボールベアリング間に与えている予圧が抜けて（減少して）いました。この場合の予圧とは、回転軸を支えている2個のボールベアリングを、軸方向に対向する荷重を与えた状態で組み立て固定をすることにより、そのボールベアリングに発生させている圧力です。

　予圧の抜けにより、スピンドルモータの回転系のコンプライアンスが大きくなり、振動モードが変わると同時に振動の振幅も大きくなっていました。そのため、ディスクの回転振れが大きくなり、磁気ヘッドのトラック追従に悪影響を及ぼしていたのです。（現在は動圧軸受を用いて、ボールベアリングを用いていないものも多くあります。）

・実施した対策

モータメーカーでの予圧管理を見直し、適正に予圧を与えたモータを再納入し、すでにHDDに組み込まれているモータを交換しました。

> 教訓
>
> 予圧についてまとめることで、教訓とします。
> まず、ボールベアリングに予圧をかけると次の効果が得られます。
> ① 剛性が高くなる、つまり、コンプライアンスが小さくなります。
> ② コンプライアンスが小さくなることにより、固有振動数が高くなることで高速回転に適するようになります。
> ③ コンプライアンスが小さくなると、振動の振幅が小さくなり、回転振れが抑えられます。
>
> ただし、予圧をかけ過ぎると、モータ自身の抵抗トルクが大きくなり、発熱したり寿命が低下したりします。
>
> さて、予圧をかける目的に「コンプライアンスを小さくする」と書きましたが、予圧をかけることにより、何故コンプライアンスを小さくできるのか理由を説明します。説明を分かりやすくするため、ボールベアリングを板ばねに置き換え、図3.24に示します。

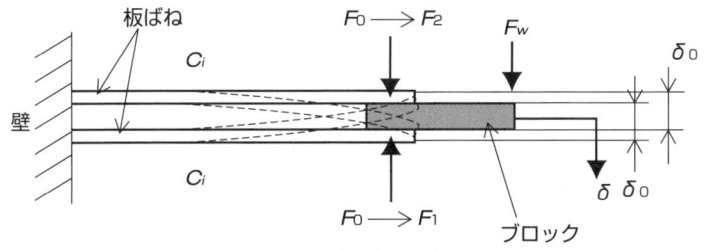

図3.24 板ばねの予圧

同一のコンプライアンスC_iと形状を持つ2枚の板ばねの左端は、壁に固定されているものとします。この例では重力は考えません。板ばねはフリーの場合、破線で示した曲がった形状とします。この板ばねを図3.24のように真っ直ぐにすると、すなわち、$δ_0$たわませると、2枚の板ばねそれぞれにF_0の力が発生するものとします。したがって、独立した1枚の板ばねのコンプライアンスC_iは

$$C_i = \delta_0/F_0$$

となります。ここで、2枚の板ばねの間にグレーで示したブロックをはさみます。はさむ力はF_0になります。このF_0がブロックに対する予圧を与えます。この状態で、グレーのブロックにF_0より小さい力F_wを加えます。このF_wによりグレーのブロックはδだけたわみます。このとき上の板ばねに生じる力はF_0からF_2に、下の板ばねはF_0からF_1の力に変わります。この関係から、力の方向も考慮すると次の式が導けます。

$$F_w = F_1 - F_2 = \frac{\delta}{C_i} - \left(-\frac{\delta}{C_i}\right) = \frac{2\delta}{C_i}$$

ここで、上下の板ばねを合わせたコンプライアンスをCとすると、次の展開ができます。

$$C = \frac{\delta}{F_w} = \delta\frac{C_i}{2\delta} = \frac{C_i}{2}$$

この式は上下のばねが合わさると、コンプライアンスが半分になることを表しています。

　ここで、板ばねをボールベアリングに置き換えます。軸方向に対向するように与えた荷重が、板ばねのF_0に相当し、ボールベアリングにおける予圧になります。後は同じ展開です。この展開により、スピンドルモータに予圧を加えることで、剛性が上がることが納得できるわけです。

　理論は理論として、単に1枚の板ばねが2枚に増えたイメージを思い浮かべていただければ感覚的にも理解できると思います。予圧をかけないときは、1枚の板ばねだけで荷重を受け、予圧をかけると2枚の両方の板ばねで荷重を受けることになるのです。

　以上がコンプライアンスに関する考え方の例題です。

・雑感

　筆者は、ばね定数はなじみが深いのですがコンプライアンスは疎遠です。これは慣れの問題もあると思います。筆者と同様に、コンプライアンスに疎遠であった人は、本項に触れたのを契機にコンプライアンスという言葉と用い方に慣れることができればよいですね。

3-6-2　摺動案内と自動止めには簡単な計算法

> **背景・予備知識**
>
> 　軸や溝に案内されて直線運動をする機構は、メカではよく見かけます。これを摺動（滑り）案内と呼んでいます。
> 　例としてあげるのはCDドライブのメカニズムについてですが、考え方は摺動案内（ガイド）一般に適応できます。

・発生した問題

　CDドライブのピックアップは、ガイド軸に案内されて、ディスクの内周から外周まで情報を読み出せるよう移動（摺動）します。このガイド軸に案内されるメカニズムについての問題です。（図9.1を参照してください）

　メカニズム全体の部品配置から使用するピックアップ送り用のモータの大きさが制限され、その制限を考慮してモータが選択されます。モータは、大きさにより発生させることができるトルクがおおむね決まります。このトルクを、レーザーピックアップを摺動させる力に変換させます。したがって、摺動させるための最大の力が、モータによりある値に決まります。

　設計時の計算では、モータのトルクはレーザーピックアップを摺動させる十分な力を発生できるはずでした。ところが、試作品の動作確認で、ピックアップを摺動させることができない事態が発生しました。

・原因

　このCDドライブは、スピーカ内蔵タイプのCDラジカセ用でした。スピーカ内蔵という条件のもとでは、音量を大きくすると、発生する音が自分自身（ラジカセ）を振動させ、その振動がCDドライブに伝わり、ピックアップの制御に影響します。その影響が制御範囲を超えると、ピックアップは情報を読み取ることができなくなり、CDディスクに記録された音楽などの情報の再生ができ

スピーカ　→　振動

なくなります。

　スピーカの振動がCDドライブに伝わり、さらに摺動部にクリアランスがあると、がたつきによる悪影響が制御に及びます。そのため、がたつきを抑える目的で摺動部を板ばね押さえの構造とし、軸と軸受けのクリアランスをなくするようにしました。

　しかし、クリアランスが無くなることと引き換えに、この板ばねの押さえにより摺動抵抗が増加し、摺動抵抗に起因してピックアップ摺動機構に発生するモーメントが増加しました。そのモーメントは、ガイド軸に対して、さらに側圧をかける結果になりピックアップ全体としては想定外に大きな摺動抵抗となったのです。

> **教訓**
>
> 　原因の項で説明した摺動抵抗は、いずれにしても完全になくすることや、無視することはできないものです。それは認めたうえで話を進めます。
>
> 　したがって、この項では、摺動抵抗を予測し、製品の仕様を満たすため、設計者として何をどうすればよいのか、どうバランスさせればいいのか判断するための計算例の紹介を行うことになります。
>
> 　具体的には、摺動抵抗に起因するモーメントにより、ガイド軸案内の摺動抵抗が大きくなって、最悪の場合ロックしてしまう状態、すなわち、セルフロックの状態に対しての余裕をどのように予測するかの観点で述べます。
>
> 　図3.25はピックアップ摺動部の断面をモデル化したものです。使用する記号と意味は次のとおりです。
>
> 　図3.25　摺動部断面
>
> 　　F：送り駆動力、ピックアップを移動させるためのモータからの力
> 　　W：相手ガイド部からの負荷（反力）本項の例では板ばねによる摺動抵抗がこれに当たります。

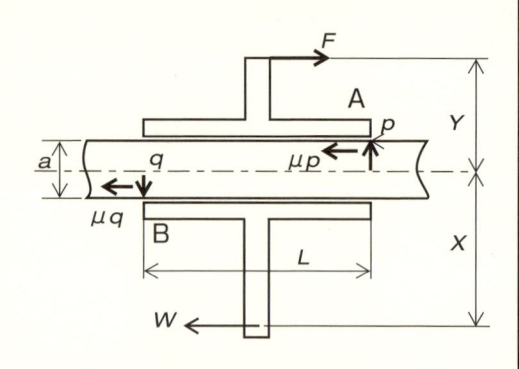

a：ガイド軸の直径（軸受けとの間にわずかの隙間があることを前提とする）
X：ガイド軸のセンターよりWの作用する点までの距離
Y：ガイド軸のセンターよりFの作用する点までの距離
p：A点にかかる反力（軸長さ方向に直角）
q：B点にかかる反力（軸長さ方向に直角）
μ：軸と軸受け間の摩擦係数
L：軸受け長さ

ここでA点とB点における力関係はそれぞれ

$W(X-a/2)+F(Y+a/2)=pL+\mu p \cdot a$ ……(3.10)
$W(X+a/2)+F(Y-a/2)=qL-\mu q \cdot a$ ……(3.11)

ゆえにp, qは式（3.10）、（3.11）より

$p=\{W(X-a/2)+F(Y+a/2)\}/(L+\mu a)$ ……(3.12)
$q=\{W(X+a/2)+F(Y-a/2)\}/(L-\mu a)$ ……(3.13)

式（3.13）において、$W>0$、$X+a/2>0$、$F>0$、$Y-a/2>0$ですから

$L-\mu a>0$ すなわち $L>\mu a$ ……(3.14)

の条件が、軸受けがセルフロックにならないための、まず第1の条件です。
また、式（3.12）、（3.13）より式（3.15）が導かれます。

$p+q=\{2L(WY+FY)-\mu a^2(F-W)\}/(L^2-\mu^2 a^2)$ ……(3.15)

セルフロックが生じないためには次の関係が必要です。

$\mu(p+q)<F-W$ ……(3.16)

式（3.15）を式（3.16）に代入して整理すると、

$L>2\mu(WX+FY)/(F-W)$ ……(3.17)

となり、不等号の関係が大きいほどセルフロックから遠ざかります。
また、式（3.17）より送り駆動力Fについては式（3.18）の関係が成立します。

$F>W(L+2\mu X)/(L-2\mu Y)$ ……(3.18)

したがって、自動ロックにならないよう設計的に余裕を持たせ、かつ送り駆動力を小さくするためには、式（3.17）、（3.18）から次のことが言えます。

① 案内部長さLを長くする
② 摩擦係数（μ）を小さくする
③ 2つの距離、X、Yを小さくする

④ 相手ガイド部の負荷（*W*）を小さくする

　さらに、具体的にどのような数値にするかは、これまで述べた数式の中で必要なものを用いて計算すればよいと思います。また、同様な機能の他社の数値を数式に入れてみて、他社はどのくらいのマージンをみているかデータ化したらどうでしょうか。
　ちなみに、CDドライブのピックアップ送り機構は2倍以上のマージンが望ましいようです。そして、このような構造における他社製品の設計値の記録を残すための測定個所も分かると思います。

・雑感

　どうでしょうか。意外と簡単にセルフロックにならない条件と、さらに摺動案内の余裕の算定ができると思いませんか。逆にセルフロックが必要な場合は計算式の「＜」と「＞」を逆にすればいいわけです。
　この、設計計算は、意外と色々なところに使用できるように思います。

3-6-3　目的限定で、ジャイロスコープの簡単力学

> **背景・予備知識**
>
> 　ジャイロスコープという言葉は聞いたことがあると思います。一つの例としては、おもちゃとして「地球ゴマ」がありますね。外側の支えの角度を変えてもコマは最初の角度を保ったままで回ります。この現象を利用すると、ジャイロの回転軸を基準とすれば、動いている物の方向の変化を検出することが可能になります。
>
> 　ジャイロの種類には、コマが回っている機械式ジャイロ、さらに、筆者も内容は分かりませんが、振動でのコリオリの力を利用した振動ジャイロやレーザージャイロ、流体ジャイロがあるようです。
>
> 　ジャイロを利用した身近なものとしては、カーナビがあります。カーナビには人工衛星を利用したGPS（Global Positioning System）と自律航法をあわせて自分の位置を特定しているものがあります。この自律航法にジャイロが使用されています。
>
> 　本項で述べるのは、機械式ジャイロ（コマ）について、効果を利用した例ではなく、効果が災いした例です。

・発生した問題

　CDやDVDドライブのディスクの装着法には主に2種類の方法があります。使用者としての見方で次のようになります。

　①　ディスクをトレイに置くだけで、ドライブにあるローディングのボタンや、PCからの操作で装着するタイプ。据え置きタイプのDVDプレヤーやデスクトップタイプのパソコンのCDやDVDドライブがそれに該当します。

　②　ノートブックパソコンのCD、DVDドライブのように、ディスクを装着するターンテーブルといわれる部分に、小さい爪が3個あり、この爪を乗り越えて押し込み装着するタイプ。ポータブルの再生装置もこのタイプです。図3.26に示します。

　本項はノートパソコンに採用された②

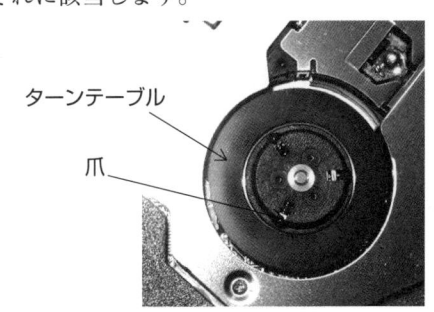

図3.26　ターンテーブル

のタイプで生じた問題です。回転しているディスクが装着部より外れたのです。

・原因

　ノートパソコンは手軽に持ち運びできます。したがって、ディスクが回転中にパソコンが動かされることが当然ありえます。それはCDドライブが動かされることを意味します。その動かされる速さが、問題の発生した原因になりました。この原因を力学的現象に充てはめると、ジャイロスコープに行き着きます。

　ここでジャイロスコープの簡単な力学を説明します。図3.27はディスクのジャイロ効果を示します。図のように、

歳差軸：回転速度はω　rad/s

自転軸：ϕ　rad/s

で表します。歳差軸の回転により偶力軸に発生するトルクをT（gf-cm）とします。また、回転（自転）するディスクの慣性モーメントをI（gf-cm-s^2）としますと、この条件で偶力軸に発生するトルクは次の式になります。本項では、単位はSI単位系を使用せず、従来の単位を用います。

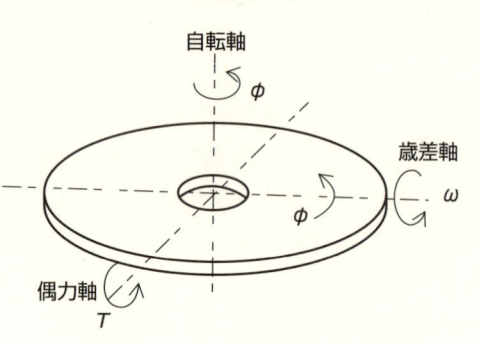

図3.27　ディスクのジャイロ効果

$$T = I\phi\omega$$

この式に具体的数値をあてはめます。CDの場合、ディスクの回転は内周側の情報を読んでいる場合約500rpm（毎分の回転数）、外周では約200rpmです。この値は1倍速の場合で、CD-ROMでの読み取り速度24倍速は、1倍速の24倍の回転数になります。この回転が自転軸を中心とする回転速度ϕです。

　また、CD、DVD規格により、ディスクの装着力（クランプ力）は一般に200gf近辺に定められています。

　ターンテーブルの外径を30mmとします。装着用の爪の位置はディスクの中心の穴の径と同じで15mm径ですから、装着力によってディスクを傾ける向きの保持可能なトルクは次のように求められます。

$$T = \frac{200 \times (30 + 15)}{2 \times 10} = 450 \quad \text{gf-cm}$$

装着用の爪によるディスクの保持力から求めたトルクより、CDドライブの動きによって偶力軸に生じるトルクが大きい場合にディスクは外れるのです。

1倍速、24倍速の内周の角速度は、上に書いた1倍速の500rpmから、それぞれ、52.4rad/s、1257rad/sとなります。一方、ディスクの慣性モーメントIを計算しますと、5.98gf-cm-s^{2}になります。

以上から、ドライブを動かした場合、すなわち、歳差軸に回転を与えた場合、装着が外れ始める回転速度が求められます。まず1倍速の場合は、

$$\omega = \frac{T}{I\phi} = \frac{450}{5.98 \times 52.4} = 1.44 \quad \text{rad/s}$$

となります。つまり、1秒間に82.5度以上の速度でパソコンを前後や左右に回転させると装着は外れます。

また、24倍速の場合は0.06rad/sですので、1秒間に3.4度以上の速度で装着は外れることになります。

現実は、この角速度より早い動きがパソコンに加わり、回転しているディスクが装着部より外れたわけです。

・**実施した対策**

ディスクのクランプ力は、ディスクにそりを生じないこと等の理由で規格化されています。したがって、変更はできません。また、ノートパソコンを使用している人がパソコンを常識的な範囲で動かすことを設計者が制限することはできません。

仕方なく、現実的な対策にならざるを得ませんでした。具体的には、装着が外れてもディスクに損傷を与えず、かつ、ドライブからディスクの取り出しができることを確認することにしました。この確認の結果、問題の発生はなかったので特別な対策は実施しませんでした。

実際は、装着部の爪は、ばねの力でターンテーブル本体に出入りするようになっていて、外れようとすると爪を入れ込むことになり、装着力は200gfより多少大きくなります。また、ディスクが24倍速で回っているとき、パソコンを動かす人は少ないようで、市場で問題になったとの情報は入りませんでした。

> **教訓**
>
> 　設計時、ジャイロ効果が頭の中にあれば、ディスクランプの限界を計算により想定し、次の手を最初から打てていたと思います。
>
> 　これまでも、何度かお話ししましたように、問題点を予測するには雑学が重要だと思いました。何事も、まず、思い付かなければならないからです。計算法については、必要に駆られれば、どこからか探し出してくることができるものです。

・**雑感**

　ジャイロスコープを機械工学の本で調べるとお分かりと思いますが、ほとんどが軸の方向や回転を一般化して扱っています。そのため、ベクトル方程式や微分方程式などが羅列され、現場の技術者にとっては扱いにくいものになります。

　ところが、本項のような課題は特定の条件下で扱うことができます。すなわち、回転や発生するトルクの各軸は直角に交わるとすればよいのです。そして、現実にディスクが外れるかどうかの判断のためには、発生する最大トルクを知ればよいわけで、回転数はディスクの最大回転数に固定すればよいわけです。とすれば、本項で説明した式のように、ジャイロスコープの力学は実に簡単に表現できます。その場合は、平素は難しい式から離れている現場設計者であっても、大きな抵抗感なく使えます。

3-6-4　ゴムベルトの切れの根源の一つは製造法

> **背景・予備知識**
>
> 　本項の題材は、オーディオ用のゴムベルトでの経験を基にまとめたものです。これまでに、オーディオはレコード、カセットテープ、CDからMD、そしてメモリへとメディアが激しく変遷しました。そして今では、レコードプレーヤやカセットテープレコーダのようにベルトを使用するオーディオ機器は少なくなりました。
>
> 　しかし、OA機器やその他のメカニズムに、ベルトやその他のゴム部品を使用する可能性はこれからも十分考えられます。本項の例は、オーディオ用のゴムベルトについてですが、ゴム部品を設計する場合の基礎的知識としては役立つものと思います。仕様書に無い注意点として参考にしていただければと思います。
>
> 　ゴムは化学屋さんの領域で、素材の配合などのようにメーカーのマル秘事項が多く、なかなか実体が分かりません。そんな中で習得した、メカ技術者に必要な知識として記録に残っていることを紹介します。

・発生した問題

　市場で使用されているカセットカーステレオで、実使用期間が1年以内に、モータとフライホイール間に掛けているベルトが切れる大問題が発生しました。

・原因

　静電ノイズ対策として、ベルトに導電用のカーボンを配合し、導電性を持たせていました。

　また、テープ走行のための回転負荷が個々のカセットにおいて異なることによる、テープ速度の変化を最小限にするため、ベルトの弾性値を高めに設定していました。

　この2つの理由によりベルトの耐久性が少なくなっていたのが原因です。これらについて、もう少し詳しく説明します。

　ゴムは天然ゴムとかクロロプレンゴムなどを基剤とし、主な配合剤として次のようなものを加えています（ウレタンゴムやシリコーンゴムは異なります）。

加硫剤：硫黄、ペルオキサイド（どちらかを使用します）
　　　　ゴム（弾性）としての性質を与えます。
補強剤：カーボンブラック
　　　　強度、耐久性、耐摩耗性の向上が目的です。カーボンブラックに代わる能力の補強剤は未だに発見されていません。（だからタイヤは昔から黒い）。
　　　　無機補強剤として亜鉛華などがある。
軟化材：オイル（ステアリン酸、植物油）

カーボンブラック

そして、本項の主題であるベルトの切れという観点から、原因に関係する知識を一覧表形式にすると次のようになります。

要因項目	関連因子	耐切れ強度	その他
硬度	カーボン量大→硬度大 加硫量大→硬度大 オイル量大→硬度小	軟＞硬	オイルの潤滑効果は耐疲労強度にプラス
加硫材	硫黄 ペルオキサイド	硫黄＞ ペルオキサイド	導電性を持たせるとクリープ特性が悪化。これをカバーする方法の一つとしてペルオキサイドを用いる。
補強材	導電性カーボンブラック 非導電性カーボンブラック	非導電＞導電 導電率は両者の配合比率により調整する。	導電性の場合、練り（ねり）の工数を少なめにする。これが素材の均一性に対し不利になる。

この一覧表から、最初に述べた2つの原因が見えてきます。

・実施した対策
① 硬度（弾性係数）を下げました。（具体的方法はベルト屋さんの秘密。）
② 静電ノイズ試験で許される範囲で、導電性を少なくしました。

> **教訓**
>
> 　この問題は市場で発見されました。しかも、ある自動車メーカーに納入していたものです。自動車メーカーからの、原因究明と対策、対策の確認試験に要求されたアクションアイテムはすさまじいものがありました。
> 　それに対して我々メカ屋のグループは、当初、やみの中に入っていった感じでした。ベルトの機械的伝達の解析などは思い付く手もあります。事実、まず、拡大鏡で、気泡や傷などの欠陥が無いかを調べたりしました。しかし、原因になるような事実は見つかりませんでした。
> 　そのような中で、ベルトの納入経歴と問題発生の関係の調査した結果、ベルトメーカーの変更に関連していることが分かりました。さらにそのとき、弾性係数を変えたことも関連しているのではないかと気付いたのです。
> 　したがって、ゴムの組成に関係するかもしれないとの疑問が生じたのですが、化学的構造に起因する問題はどのような切り口で挑んだらいいか分かりませんでした。当然、ゴム屋さんをけしかけることになるのですが、この分野は色々な面でクローズされたベルト屋さんのノウハウの壁が立ちはだかります。
> 　そんな苦しみの中で得た教訓は、メカ技術者は、問題が発生している部品を製造しているところに押しかけ、とにかく口で質問、目で確認、耳で確認という姿勢で粘る必要があるということです。真剣に知ろうとすると、何かの糸口を見出すことができるものです。

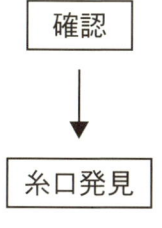

確認
↓
糸口発見

・**雑感**

　あるメーカーのビデオデッキを使っていて、テープの早送り、巻き戻しができなくなったことがあります。

　ふたを開けてみますと、回転伝達用のアイドラのゴムタイヤがぼろぼろになっていました。カタログや仕様書に書かれていないゴムの性質を、調査し把握しないで採用したのではないかと想像されます。ゴムに関するトラブルは、このように現実に存在するのです。

3-6-5　FPC（Flexible Printed Circuit）が起こした思いもよらぬトラブル

> **背景・予備知識**

　FPCはFlexible Printed Circuitを短縮した用語で、関係者の間では「フレキ」などと呼んでいます。正確にはフレキシブルプリント配線板と言います。信号を伝える銅箔の回路を、絶縁性・耐熱性に優れたプラスチック（多くの場合ポリイミド）の薄いフィルムでサンドイッチにしたものです。図3.28はCDのレーザーピックアップからドライブの回路への、情報のやり取りをするために用いられているFPCの例です。

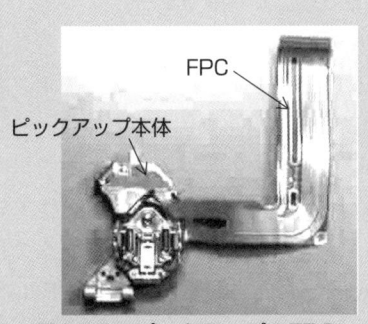

図3.28　ピックアップのFPC

　FPCの厚さに関しては、この業界はなぜかインチ系を用いており、mil（1／1000inch）が基準です。サンドイッチ構造の一例を図3.29に示します。図中の数字は厚さです。

カバー層	1mil ≒ 25 μ m（ポリイミド）
接着剤	15 μ m
銅箔	18 μ m
接着剤	15 μ m
ベースフィルム	1mil ≒ 25 μ m（ポリイミド）

図3.29　FPCの構造

　FPCには、主に次のような用途があります。
・カメラなどのように、限られた小さい空間に3次元的に電子部品を配置するための配線
・屈曲を繰り返す部分の配線

・発生した問題

　CD-ROMは御存知だと思います。問題を起こしたのは、ディスクでなく、そのディスクを読み取るドライブです。ドライブのメカニズムはディスクを回すスピンドルモータと、回っているディスクから情報を呼び出すためのレーザーピックアップと、そのピックアップをディスクの必要な位置に動かす送りモータが主な構成部品です（図9.1を参照ください）。

　ピックアップはディスク上の情報の検索などを行うために頻繁に動きます。そして、ディスクから得た情報をドライブの電子回路へ送ったり、ドライブからピックアップへ作動情報を送ったりする役目をしているのがFPCなのです。ピックアップの激しい動きに追従するため、FPCのフレキシビリティー（柔軟性）が利用されます。

　発生した問題は、このような機能を持つFPCの銅箔が、短期間にCD-ROMドライブの使用で切れてしまい、ドライブが動かなくなったことです。現場では「FPCの繰り返し屈曲による箔切れ」と言っています。もちろん、開発時の製品は信頼試験を行っており、箔切れ問題は生じていませんでした。

・原因

　原因は図3.29に示すサンドイッチ構造の中の接着剤にあったのです。不良発生経歴を追跡すると、コストダウンのために海外製のFPCに切り替えたピックアップから発生していることが分かりました。海外製FPCは、ベースフィルムとそのフィルムへ銅箔を接着した素材についてはこれまでどおりの日本製を使用し、カバー層の接着を海外製の接着剤を使用して行ったとのことでした。

サンドイッチ構造

「海外製の接着剤でどうして問題になったのか!!」その理由は接着剤のガラス転移点の違いにあったのです。「ガラス転移点」という言葉を初めて耳にされる方もおられると思います。「ガラス転移点とはプラスチックの弾性率（こわさ）が急激に低下する温度」のことです。筆者は、この問題が起こるまで接着剤がガラス転移を起こすことを知りませんでした。

ガラス転移温度が、日本製は80℃、海外製は30〜40℃であることが分かったのです（これは海外品が悪いということではありません）。30〜40℃はパソコンの中の温度としては当然ありえる温度です。

日本製FPCの場合、サンドイッチ構造のFPCを曲げても、銅箔から見た両面の弾性がバランスし、中心にある銅箔自身には曲げることによる負荷がかかりません。

それに比べ、カバー層側だけに海外製の接着剤を使用したFPCが30〜40℃になると接着剤がガラス転移し、弾性が低くなり両面の力のバランスが崩れます。そのような状態でFPCを曲げると、銅箔に引っ張りや圧縮の力がかかるようになるのです。そして、繰り返し屈曲により銅箔が切れるに至ったのです。

・実施した対策

言うまでもなく、銅箔をはさむ2つの層の接着剤を80℃のガラス転移点を持つ同一の接着剤にしました。

教訓

FPCの場合、フィルムの材料やその厚さについては、設計時、テスト時、部品の発注時に注意しチェックします。しかし、**補助的な材料である接着剤は何も指定していないのが一般的です。**

補助的材料への配慮がおろそかになることは、FPCに限らず、開発時にはとかくありえることと思います。このことを設計者は認識する必要があります。

また、何かを変更する場合、その変更に伴って変わる項目をリストアップし、検査部門などに連絡することを習慣にする必要があります。

3-6-6 スティック・スリップは異音のもと

背景・予備知識

スティック・スリップを直訳すると「貼り付きと滑り」でしょうか。スティック・スリップが生じる過程を説明します。

図3.30（1）で重さWの物体を机の上に置いて、その物体にばねを掛け、机の面におおむね平行に連続した一定の速度で手により引っ張ります。そのとき手にかかる力をFとします。

ばねがだんだん伸びて、物体の重さWで生じている摩擦力より大きな力になると物体はスリップし、引っ張っている速度より速い速度vで手元の方に動きます。

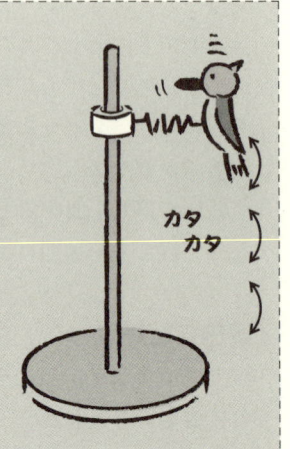

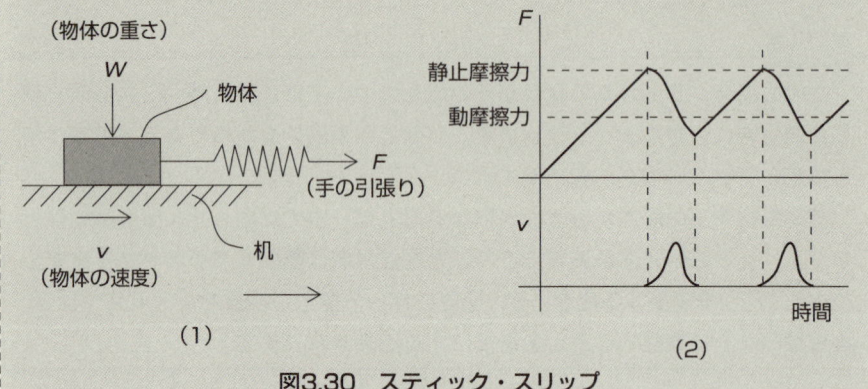

図3.30 スティック・スリップ

摩擦には静止摩擦と動摩擦があり、静止摩擦力の方が動摩擦力より大きいことはご存知だと思います。物体は、最初は動いていないので静止摩擦、そして、動き出すと動摩擦になりさらに動きやすくなります。

一方、動き出した物体の速度vは手の動きより速いため、ばねの伸びが少なくなります。ばねの伸びが少なくなると物体を引っ張っている力Fは弱くなります。図3.30（2）のグラフがこの関係を示します。

いったん動き出した物体は慣性を持ちます。したがって、ばねの引張力Fが動摩擦

力よりもっと小さくなり、小さくなった力に対応してばねの伸びが少なくなったところで、慣性のエネルギーを吐き出して止まります。これをスティックするといいます。

さらに、手は連続して物体を引っ張っていますから、物体は止まった状態で、つまり静止摩擦状態で、再びばねが伸び始めます。

これを繰り返すと、手は一定の速度で物体を引っ張っているのに、物体は滑ったり止まったりを繰り返す脈動をします。この脈動状態を「スティック・スリップ」を起こしていると言っているのです。

この脈動が1秒間に30～20000回くらいの頻度で起こると音になるのです。海岸の砂を踏むと「キュッ」という音が出るところがありますが、この音も「スティック・スリップ」の音だそうで「鳴き砂」あるいは「鳴り砂」と言います。

・発生した問題

一般の車載用のCDステレオは、CD挿入口にディスクを少し挿入すると、後は自動的にディスクを吸い込みプレイ状態まで進むようになっています。そのような車載用CDステレオにおいて、ディスクを挿入し、自動的に一番奥まで吸い込まれたところで「キュッ」という音が発生しました。

使用者に異常感を与えるという理由で、改善を求められました。

・原因

図3.31に示すように、ディスクの吸い込みは、ステンレスのシャフトを軸に持つ細長いゴムローラでガイドとの間にディスクをはさみ、ゴムローラを回転させて吸い込ませます。

吸い込みは定位置で終わる必要があります。つまり、ディスクを回転させ、プレイする位置に正確に止めなければなりません。そのため、定位置にディスクのストッパーを設け、ゴムローラでの吸い込みは多少オーバーストロークにしていました。

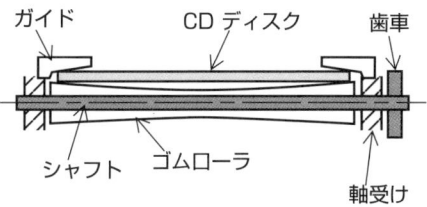

図3.31 吸い込み機構断面

そして、このオーバーストロークを吸収する役目を、ゴムローラとステンレスの

シャフトのスリップが受け持つ構造で行っていました。このような構造でのスリップが、単純なスリップとならず「スティック・スリップ」現象を伴い、音の発生につながったと筆者は判断しています。

・**実施した対策**
　次のような対策を実施しました。
① シャフトの面の仕上げとローラのゴムの硬度を変更し、静止摩擦力と動摩擦力の差が少なくなるような対策をしました。
② ローラの材質を、通常のシリコンゴムと低反発特性を持つシリコンゴムとのブレンド品に変更しました。
　この対策により、完全解決というわけではありませんが、実用試験では音の発生が問題とならない水準になりました。
　このように書くと簡単ですが、問題とならない水準のなる条件の探し出しは、相反する影響の確認も含め、大変な実験の繰り返しだったのです。

教訓

　スティック・スリップは、その原理より
① 静止摩擦力と動摩擦力の差を小さくすれば、脈動のエネルギーが小さくなる。
② 発生するとしても、その周期（あるいは周波数）は関連する要素のばね定数や質量によって調整できる。
③ 構成部材のダンピングを大きくする方法があれば、発生する音を小さくできる。（振動の知識が多少でもある人から見れば当然のことですね。）
ということです。
　実施した対策もこの3つに即していると考えられます。

3-6-7　スポンジにも大きな構造の違い

背景・予備知識

　スポンジは洗車用から、台所用、布団、梱包材など、身の回りの品を考えただけでも非常に多くの用途に使用されています。原材料も、各種のゴムで造られ多様性を持っています。

　メカニズムの設計でも、振動対策や衝撃音の発生を止めること、音の吸収、シール、スペーサ、断熱用途などスポンジを利用する機会は多いですね。

・発生した問題

　ハードディスクドライブは外気に対してシールされています。微小なゴミをドライブ内に入れないようにすると同時に、湿度の急激な変化を防ぐためです。

　本項で取り上げるハードディスクドライブの構造は、ダイキャスト製の本体とふたとの合わせ部に柔らかくて薄いスペーサを入れシールの機能を与えるものでした。

　柔らかさを必要とした理由は、ドライブの外周すべてで、スペーサが圧縮された状態を保つことで、本体とふたとの間の微小な隙間を埋め、十分なシールの役目をするためです。この役目に対し、一般のゴムでは必要な柔らかさが得にくいため、ウレタン系のスポンジを使用することにしました。OA機器などでシールを目的としてスポンジを使用したことがあったからです。

　試作品による各種テストを実施しました。実施したテスト結果の分析で、スポンジシートがシールの役目を果たしていないことが分かったのです。

・原因

　恥ずかしながら、テストの結果を受けて、あらためてスポンジとはいかなるものかを調査しました。このとき用いたスポンジは、厚いブロックをスライスしたものではなく、最初から1㎜くらいの厚さに成形された微細発泡品のシートをハードディスクの外枠形状に合わせて打ち抜いて作られたものでした。打ち抜き品の外観を

見てこれでよいとし、ゴムシールの代替として、機能性を疑うことなく用いたのです。

調査の結果、スポンジには独立気泡のものと連続気泡のものがあり、我々が選択したスポンジは連続気泡であることが分かりました。

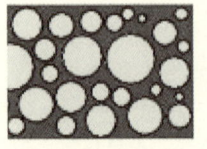

連続気泡であると、空気はシールを通過するわけです。figure 3.32が独立気泡と連続気泡のイメージ図です。スポンジのシートがシールの役目をしないのは当然です。

独立気泡　　連続気泡

図3.32　スポンジ

・実施した対策

短期間で、独立気泡のスポンジを量産品として入手することができなかったため、ダイキャスト製の本体とふたの合わせ部の精度を確認したうえで、スペーサを通常のゴムに戻しました。

> 教訓
>
> 　洗車や台所で使用するスポンジをイメージすれば、水が中を通ることから、連続気泡の性質は当然理解できるのです。ところが、工業材料として選択する場合、カタログや資料による強度や弾性係数や経時変化についてのチェックに関心が集中し、最も単純なことが忘れ去られたのです。しかも、専門的なカタログなどには、最も単純なことには触れていない場合が多いのです。
>
> 　ちなみに、このとき使用したスポンジについてインターネットのメーカーのサイトで調べてみました。密度、強度、耐薬品性や振動吸収性などの数値表を掲載したりして、材料の優秀な点をアピールしていますが、気泡の形態による選択法については何も述べられていませんでした。
>
> 　設計計算や、材料選択に当たって、まず、素人の立場で対象物をイメージし、出てくる単純な疑問を、先入観なく調査してみることが必要と思いました。

・雑感

　物事の最初は、普通の人が普通に感じる思いや疑問ありきだと思います。経験を重ね、専門性が強くなればなるほど陥る可能性の高い「思い込み」を避ける必要があります。

　言うまでもなく、経験や専門性は大変重要です。そもそも、この本は経験をアピールしているのですから。

　一方で、経験・専門ばかにならないように、謙虚な気持ちを残したいと、この項を書きながら、あらためて認識しているところです。

第4章

知恵を絞って測定法を考え出そう

- 4-1 慣性モーメントの測定 ……………… 106
- 4-2 熱電対の正しい使い方 ……………… 109
- 4-3 レーザーポインターを使ったリサージュ曲線による振動解析 ……………… 113
- 4-4 メカ騒音調査用の簡単な電子聴診器の作成 ……………… 117

第4章　4-1　慣性モーメントの測定

背景・予備知識

「慣性モーメント」（イナーシャ）、聞いたことはあるけど何だったかな？と思われる方もあると思いますので簡単に説明します。

「直線運動における質量にあたるものが、回転運動における慣性モーメント」です。思い出していただけたと思います。また、mを質量、rを回転中心から質量までの距離として、慣性モーメントIの概念を数式で表示すると、次のようになります。

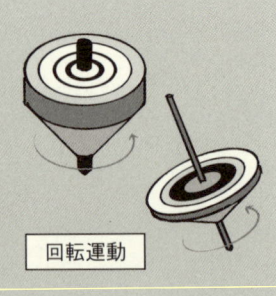

$$I = mr^2 \quad (\text{kg} \cdot \text{m}^2)$$

直線運動におけるポピュラーな式として、質量mに加速度aが作用したときの力Fは次のように表されます。

$$F = ma$$

この式を回転運動に対比させると、次のようになります。

$$T = I\frac{d\omega}{dt}$$

ここでωは角速度です。つまり、トルクTは慣性モーメントIと角加速度の積となります。ちなみに、回転のエネルギーEは

$$E = \frac{1}{2}I\omega^2$$

になります。これで完璧ですね。ところで、例えば、はさみのような形をした部品を提示されて「このはさみの支点を中心とした慣性モーメントを測定できませんか？」と尋ねられたとしましょう。ほとんどの人が測定したこともないし、どのように測定したらよいかすぐには答えられないのではないかと思います。筆者もそうでした。

・発生した問題

設計時の問題です。ハードディスクドライブの磁気ヘッドを動かし、位置制御している回転アーム部分をHGA（Head Gimbal Assembly）と言います。ヘッドとマグネシウムのアームとリニアモータのためのボイスコイルとアセンブリの回転中心にあるボールベアリングからなっています。図4.1に写真で示します。

Chapter 4 知恵を絞って測定法を考え出そう

　このHGAの回転制御に関する解析のための基礎データとして、他社のHGAの慣性モーメントを知る必要がありました。円板のような単純な形ですと計算で出せますが、このような組み立て部品では計算は困難で測定により値を求める必要がありました。
　さて、どのように測定したらよいのか？　戸惑いました。

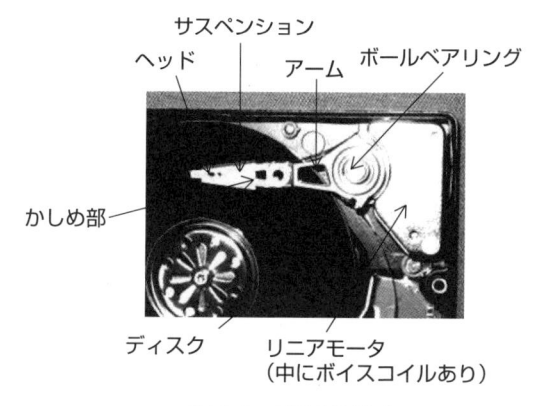

図4.1　HGAの構成

・原因

　慣性モーメントについては、たいていの機械設計の書物に取り上げられています。また、トルクやエネルギーの計算、あるいは慣性モーメントを含めた制御に関係する微分方程式なども多くの書物に記載されています。
　ところが、その入り口たる、慣性モーメントの測定法について書かれたものを探し出すことができませんでした。それで行き詰まったのです。意外な盲点を突かれたのがトラブルの原因です。

・実施した対策

　図4.2に示す方法で測定しました。鋼線と保持板のみが装置です。保持板は、被測定物を両面接着テープなどで取り付けるためにあります。これらを図4.2のようにつるします。保持板と基準慣性物は、重心を通る線を回転軸（慣性中心）としてつり下げます。被測定物は、機能上の回転中心でつり下げます。ただ、機能上の回

転中心が重心とほぼ一致していることが条件です。

基準慣性物は被測定物と大体同じ大きさで既知の慣性モーメントを持ちます。基準慣性物を円板とすれば、半径をR、厚さをt、比重をγ、重力加速度をgとして、次の式で簡単に慣性モーメントIの計算でき、慣性モーメントの基準として使えます。

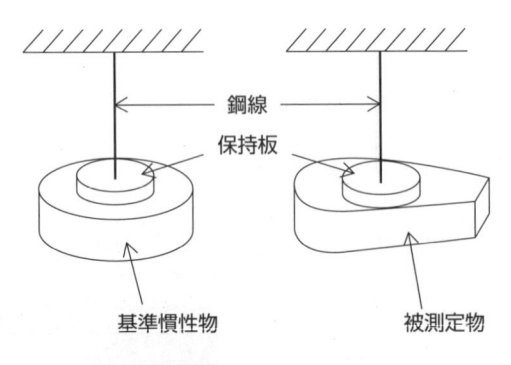

図4.2　慣性モーメントの測定

$$I = \frac{\gamma}{g} \cdot \int_0^R r^2 \cdot t \cdot 2\pi r dr = \frac{\gamma \cdot \pi \cdot t \cdot R^4}{2g}$$

また、保持板も基準慣性物と同様に慣性モーメントが既知でなければなりません。

さて測定方法としては、

① 基準慣性物を保持板に固定した状態で鋼線を用いてつるし、45度程度のねじりを与えて離し、20回（数えやすい数でよい）の回転反復の時間sec（t_1）を測定します。

② 次に、保持板に被測定物を固定し、同様に20回の時間sec（t_2）を測定します。

③ 次式により被測定物の慣性モーメントを計算します。

$$I = I_1 (t_2/t_1)^2 - I_c$$

ここで、I_1は基準慣性物の慣性モーメントと保持板の慣性モーメントの和、I_cは保持板の慣性モーメントです。

つるす鋼線の太さや長さは、測定物の大きさで変わります。やってみて時間の読み取りがしやすいように設定してください。

教訓

教科書や、普通の書物に記載される機会が少ないものの、現場では必要な理論や計算法を見つけたら、どこかに記録しておくと役立つときがあります。

| 第4章 | 4-2 | **熱電対の正しい使い方** |

背景・予備知識

　設計の過程において、あるいは、製品に問題が生じたとき、必要な部分の温度や温度の変化を確認したり、基礎データとして記録したりする必要性が発生します。

　温度の測定には、アルコール温度計や水銀温度計、バイメタル方式や赤外線を利用した温度計などがあります。

　さて、設計データとして温度を記録する必要がある場合は、温度計に対して次のような要求が出ます。

① 対象とする現象により測定温度範囲を、例えば−10〜100℃とか0℃〜1000℃にしたい
② 測定データをパソコンに取り込み経過時間と温度変化の関係を残したい
③ 同時に何箇所かの温度データを記録したい

この要求に答えられるのが熱電対です。この本をお読みの方の多くは、すでに使用経験があるのではないかと思います。

温度測定

・発生した問題

　熱電対を用いて温度測定をしました。ほとんど同一個所に取り付けた2つの熱電対の示す温度の値に無視できない差があり、測定温度の信頼性に疑問が生じました。この測定は、赤外線加熱器で室温から500℃くらいまで加熱された被測定物を、被測定物にスポット溶接した熱電対で行うものでした。

・原因

　熱電対の原理や使用法を、きちんと把握しないで用いたことによります。

・実施した対策

　恥ずかしい話しですが、測定値の信頼性に疑問が生じた後に、熱電対の勉強をしました。本項では「実施した対策」と言うより、失敗で得た知識として熱電対の使い方をまとめたいと思います。

　筆者も、熱電対は時々使っていましたが、その使用法を十分把握していたわけで

はありませんでした。今振り返って、その時々の使用法は結果的に間違いではなかったのですが、それはたまたまの幸運だったのです。

失礼かもしれませんが、この本を読まれている技術者の皆さんも、かつての筆者と同じようなレベルの方が結構多いのではないかと思います。したがって、熱電対について簡単に説明するのも意味があると考え取り上げました。

① 熱電対とは

異なる2本の金属線を接合し、その接合点にある温度を与え、接合の反対側の2本の線を解放すると、解放された2本の線間に温度に応じた電圧が発生します。ゼーベック効果と呼ばれています。この効果を利用したのが熱電対です。

② 熱電対の種類

組み合わせる2本の金属によって色々な種類があります。詳細はJISなどを参照してください。よく使用されるのは、JISの記号でKの熱電対です。プラス極線の材料がクロメル、マイナス極線の材料がアルメルの熱電対です。使用温度範囲は-200〜1000℃ですから、メカ関係の測定ですと、まず使用可能です。実際、工業用はK種の使用が大半ということです。クロメル、アルメル線は0.1〜0.4mmくらいの太さがよく使われます。

ここまでは書物に書いてある一般的な知識です。ここから先が一般の本には書いてないことで、皆様にお伝えしたい内容です。

③ 使用法

・200℃くらいまでの温度の測定の場合

2本の線をねじったり、溶接したりして接合します。溶接の場合は接合部を玉形状にします。玉形状であるため熱電対ビーズと呼ばれています。アルメル・クロメル熱電対のイメージを図4.3に示します。

このビーズを作るのは意外と難しいのです。ホウ酸をまぶしガス溶接炎で作る方法が一般的なようですが、筆者の経験でも失敗する場合が多く、何回もやり直しをしています。融けて吹き飛び、ビーズにならないのです。専用の機械がありますが、ちょっとした実験用には不経済かもしれません。測定器を購入したとき、付属で付いている熱電対線は専用の機械で作られ

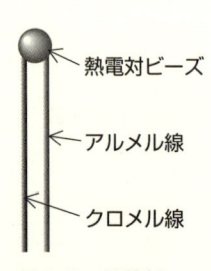

図4.3 熱電対

ていると思います。

　さて、測定においては、このビーズ部を目標の場所に紙テープなどで貼り付けて使用します。貼り付ける相手が金属であっても、ビーズ部のみが測定物に接しているのであれば問題ありません。

　この場合の測定では、次のような点に注意が必要です。

* ビーズの温度が測定物と同じ温度であるかどうかを確認します。例えば、アルメル線、クロメル線が太すぎる場合は、測定温度あるいは測定物の温度が実態より低くなります。

* 2本の線は絶縁チューブをかぶせるのが普通ですが、線が長くなるとビーズの近くが裸になることがあります。この場合、線の裸部分が他の金属部に接触しないようにしなければなりません。

　　また、2本の熱電対線自身がビーズ以外の場所でお互いに接触してもダメです。この理由は、測定器が受け取るのは、測定器に一番近い2本の熱電対線の接触点で発生した電圧であることから、ビーズ以外の場所の温度を測定することになるからです。

* 同じ理由で、2本の熱電対線をねじって使う場合は、ねじり部の測定器側位置の温度が測定されます。この部分が測定物より離れていると問題です。例えばアルメル-クロメル線を5mmの長さの間でねじって、先端を測定物に取り付けていると、測定物より5mm近く離れた位置の温度を測定することになります。

・200℃を越える温度の測定の場合

　紙テープ等での貼り付けでは、紙テープが燃えます。ガラス繊維テープでも粘着部の糊がだめになります。そのため、熱電対を測定物にスポット溶接して用いることがあります。この場合も、注意点は基本的には200℃までと同じですが、スポット溶接について誤解のある場合がありますので次に説明します。

　スポット溶接する前に熱電対ビーズを作り、そのビーズを壊さないように測定物にスポット溶接しようとすると、これは至難の業なのです。溶接どころかビーズを飛び散らせてしまうはずです。

　実はそんなことをしなくてよいのです。熱電対の原理は2つの金属の接合でした。したがって、クロメル線と測定物金属を溶接し、離れた位置に測定物金属とアルメ

ル線を溶接しても、測定器から見た電圧はクロメル、アルメルを直接接合したのと同じになるわけです。離す距離により測定位置が不明確になるという意味でアルメル線とクロメル線を近づける必要があるということであって、ビーズを保つ必要が絶対条件ではありません。**図4.4**が引張試験に適用した例で、ビーズはありません。

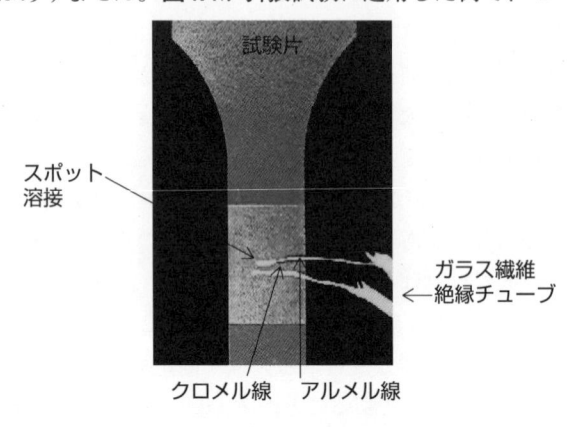

図4.4　熱電対の使用例

これまでの熱電対のイメージから離れ、原理に立脚して考えると、意外に簡単な方法に行き着くことが理解できると思います。

なお、取り扱いやすさや費用面を考慮したら、補償導線を使用したほうがよいと思います。補償銅線については、熱電対を扱っている店に問い合わせしてみることをお奨めします。

教訓

　データを得ようとすると、まず、そのデータの目的や内容に注意が注がれ、得るための道具については、どうしてもなおざりになりがちです。
　これに歯止めをかけるのが、意外と雑学なのだと思います。本項の場合でも、熱電対は使用法についての注意が必要であることを、前もって知っていれば、つまり、そういう雑学があれば、雑学をきっかけにもっと調査したはずです。
　雑学が本題を解決するきっかけになることも多いのです。

第4章　4-3　レーザーポインターを使ったリサージュ曲線による振動解析

背景・予備知識

　お互いが直交振動する2つの振動を合成した場合に得られる平面図形のことを、J.A. Lissajousが考案したためリサージュ曲線と言います。「リサジュー」、「リサジュ」、「リサジウ」等とも書かれます。

　オシロスコープのX軸とY軸のそれぞれに2つの振動信号（$A\sin \alpha t$等の単信号）を入力するとモニターにリサージュ曲線が出てきます。X軸、Y軸それぞれのAやαを変えることで様々な形になります。図4.5にリサージュ曲線の一例を示します。

図4.5　リサージュ曲線

　本項は、リサージュ図形を振動問題の対策に利用した例を挙げます。

・発生した問題

　車載用CDやDVDドライブが安定して動作するのを阻害する大きな要因の一つが振動です。CDやDVDドライブは、ディスクの情報を読み取るためにレーザー光を用います。このレーザー光を用いて、読み取りを行っているのがレーザーピックアップです。

　ディスクから情報を読み取るために、ピックアップは、回転しているディスクの情報面にレーザー光のピントを合わせることと、情報が書かれた列（トラックと言います）からレーザー光が外さないようにする制御を行います。その制御は、リニアモータに相当する磁気を利用した機構を用いて、対物レンズを焦点方向とトラック方向に動かすことで行います。ピント合わせもトラックの追従も、その精度は$0.1\mu m$のレベルが必要です。この厳しい制御に対して振動は大敵なのです。

　一方で、車から振動が車載用CDドライブに伝わることは避けられません。そのため、車載用CDドライブは振動を吸収するメカニズムを持っています。振動緩衝用ばねとダンパーからなるものです。このメカニズムは、通常CDドライブのメカニズムアセンブリの4隅に配置されます。（前2個、後1個の3個構成のものもあります）

　新しい車載用CDドライブを開発するときには、この振動吸収メカニズムを最適化する必要があります。言うまでもなく、振動吸収メカニズム自身が原因で発生す

る複雑な振動は極力抑えなければなりません。計算やシミュレーションで最適化できればよいのですが、次のような難問があり、そのような方法は現場設計者にとっては手に負えないのが現実です。

① メカニズムアセンブリは内部構造が複雑で質量が偏在する
② 4箇所支持のため、①の理由と相乗して非常に複雑な振動モードになる
③ シミュレーションを用いれば与えた条件での振動形態の結果は出るが、どうすれば最適な振動吸収メカニズムになるかについての解答は出ない

したがって、ある程度大雑把な計算でばねやダンパーを設定し、後は試験をしながら試行錯誤で調整するのが現実的です。

実際、振動試験機でテストすると、メカニズムは複雑な振動状態になります。そして、周波数が高い場合、目での確認がつらくなります。そのため、どのように調整したらピックアップの振動を最適化できるのかをつかみにくくなります。

このような理由から、出たとこ勝負のカットアンドトライにより最適な方向に絞っていくことになり、多くの時間を要していました。

・原因

発生した問題で述べたように、計算では太刀打ちできそうもなく、試験機で観察しても振動モードを捕まえることができませんでした。振動数も200Hz位まで関係しますので目視による観察は難しいものでした。振動試験のデータ採取に加速度ピックアップは使用していましたが、振動モードの調整に用いるまでには至っていませんでした。

つまるところ、振動試験をしても、結果を比較して対振性はどの組み合わせがよいかを知るくらいでした。そのため、ばね、ダンパー、質量の偏在など、振動モードにかかわるパラメータが多いと、最良点への絞込みは非常に多くの試験の繰り返しを必要としました。要は、よい解析法がなかったことが開発過程の検証問題発生の原因だったのです。

・実施した対策

図4.6に示すように、メカニズムアセンブリの上面に反射ミラーを貼りました。そして、レーザーポインター（講演会などでプロジェクタ画面の指示用に使うもの）

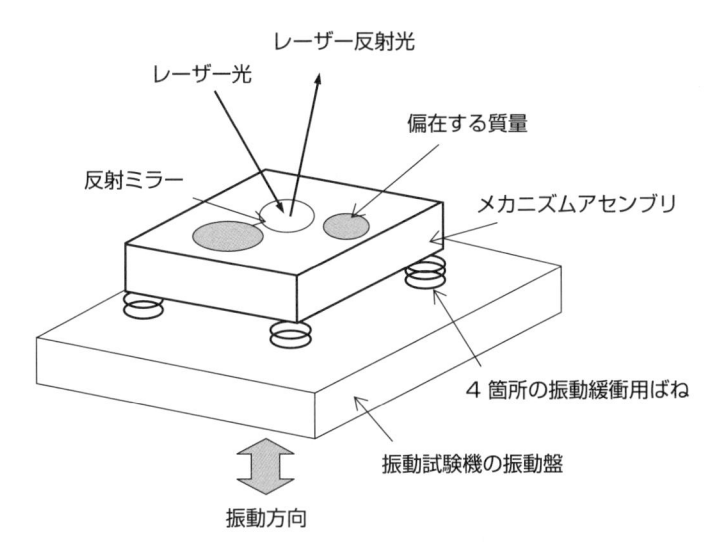

Chapter 4 知恵を絞って測定法を考え出そう

図4.6 レーザー光利用の振動試験

のレーザー光をその反射ミラーに当てて、反射光が天井に赤い点として映るようにしました。

この状態で振動盤に上下振動を与えます。一例として、反射ミラーへの入射光を45度上方とし、振動盤の振幅がaとします。メカニズムアセンブリが、振動盤と全く同じ動きをする場合は、天井の赤い点は入射光と同じ方向に$2a$の長さで1本の直線を描きます。また、反射ミラーに回転変位θ (rad)があり、天井までの距離がhとすれば、赤い点は$h\theta$の移動をします。

現実は、メカニズムアセンブリは複雑なモードで振動するために、天井の赤い点は色々な形のリサージュ曲線を描くのです。

つまり、振動のモードを目に見える状態にできたのです。後はリサージュを見ながら、補正のための質量を加えたり、ばねを変えてみたりして、リサージュ曲線の描く範囲を狭くするように調整しました。

この方法により、試行錯誤の回数を少なくすることができました。

> **教訓**
>
> 　目に見えないものを、別の形で見えるようにすると問題解決を早くします。電気信号は目に見えないものですが、オシロスコープやシンクロスコープで見える形にして解析しています。
> 　メカニズムについても、そのような観点で知恵を出せば役に立つことがあることを実感しました。
> 　皆さんが抱えている問題の解決法のヒントにしていただけたら幸いです。
>
> デジタルオシロスコープ

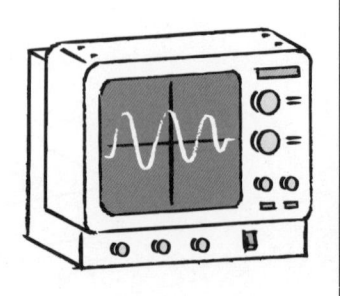

・雑感

　現在は、レーザーポインターは身近なものになりました。実を言うとこの試験をした時点では、まだ今のようなレーザーポインターはなく、大きなレーザー発振器を用いました。しかし、本項の説明ではイメージを早くつかんでもらうため、レーザーポインターとしました。

| 第4章 | 4-4 | **メカ騒音調査用の簡単な電子聴診器の作成** |

背景・予備知識

　騒音（異常音）は、人間に不安感や、不快感を与えます。したがって、メカニズムにとっても騒音を軽減することは重要な課題です。そして、騒音が問題となった場合、まず、レベルはどのくらいなのか、周波数の分布に特徴はないかを調べようとします。

　ところが、人間が感じるレベルに比べ、計測されるレベルは意外と小さいことが多いようです。車のビビリ音などもその例です。不快音に対する人間のフィルタが感覚的レベルを上げているのですね。

　そのため、異常音を分析しようとしても、対象の音のレベルが低過ぎて、うまくデータとして取り込めないのです。例えば、製造工場で製品から発生する騒音のレベルを判定しようとするとか、実働状態でのメカから出る異常音を記録しようとしても、多くの場合、対象の音をうまく取り出せません。

・発生した問題

　ある一つの問題に対応した内容に対してではなく、一般のメカニズムの騒音をうまく解析できる方法はないかと、長い期間にわたって模索して得た一つの事例が本項のテーマです。

　背景・予備知識で述べたように、製品から発生する異常音のレベル判定や、対策のための周波数分析を、計測器レベルで実施したかったのですが、うまくいきませんでした。

メカにも聴診器

・原因

　異常音は、人間のすばらしい聴感でははっきり認識でき、問題として提議されるのですが、測定器への入力としては信号のレベルが低過ぎるのです。まして、騒音計等を使用して工程でGO/NO判定をしようとすると、周りの騒音の中に埋もれてしまってうまく実施できません。

　それは、騒音の計測器への入力として、マイクを通常の方法で使うことに原因があります。空気中には、多くの規則性のないランダムな音が含まれます。無響室が

使用できれば、ランダムな音を除くことができるのですが、どこにでもある設備ではなく、手軽に利用することはできません。

・**実施した対策**

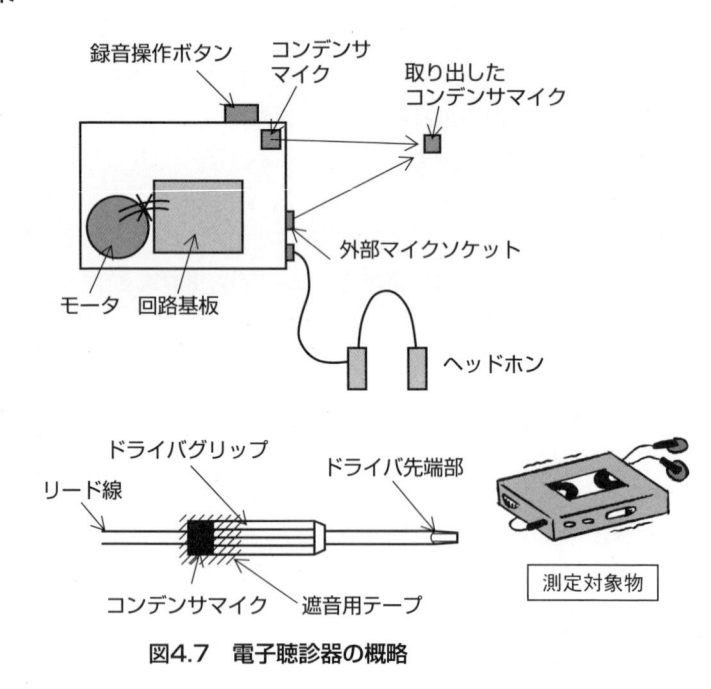

図4.7　電子聴診器の概略

異常音を取り出すための道具を作りました。お医者さんが患者の胸に当てて使用する聴診器に似ているので、電子聴診器と名づけることにしましょう。

この聴診器の概略を**図4.7**に示します。さて、作り方・用い方です。

① コンデンサマイクを使いますが、メカニズムから空気中に放出された音ではなく、メカニズムの構造体を伝わってくる音を拾う構造にしました。理由は、空気中にあふれているランダムな音の影響を少なくすることです。
② 安価なジグとするために
　　・2,000円ほどの録音付きカセットヘッドホンステレオを使用しました。（ステレオでなくてもよいのですが、機器の名前として呼びやすいのでステレオと

書きます。）要は、ステレオのアンプを利用したのです。

・集音部は、グリップ部がプラスチックの、小ねじ用ドライバを用いました。

③ ヘッドホンステレオに組み込まれたコンデンサマイクを、リード線を延長して取り出すか、別売の外部マイクを買い、外部マイクソケットに接続します。外部マイクの場合もコンデンサマイク部だけにします。

④ ドライバのグリップ部の頭をヤスリで平面とし、コンデンサマイクの穴のある面を（防塵用のヒメロン紙が貼ってあるときははがして）平面にした部分に貼り付けます。貼り付けは瞬間接着剤でよいのですが、量が多すぎてマイクの内部に入ることのないようにしましょう。

⑤ 空中の音を拾わないよう、ドライバグリップ部からコンデンサマイク部にかけてビニールテープなどを何回も巻き、空気中のランダムな音のシールをします。

⑥ ヘッドホンステレオのモータのリード線をカットします。（モータの電磁気ノイズのまわり込みをなくするためと、電池の消耗を少なくするため。）

⑦ 上のような装置で、録音ボタンをONにしますと、マイクが拾った音がスピーカから出てきます。この場合、音量を上げるとハウリング（スピーカから出た音がマイクに帰り、音量を上げている場合、正帰還になり発振すること）を起こします。したがって、ヘッドホンを使ったほうが増幅率を大きくできます。

⑧ 小ねじ用ドライバの先端を、異常音が出ていると想定される個所に当てます。

⑨ ヘッドホンの音を、耳で聞いたり、FFTスペクトラムアナライザーなどに入れたりします。

　以上です。もちろん、IC録音機を使っても構いません。筆者は両方作ってみました。IC録音機は高価なので分解せず外部マイクを用いました。その場合にはモータはないのでモータノイズを拾うことはありません。

　この聴診器は、異常音の発生個所の特定などに役立ちました。IC録音ですと、主張先から音をメールで送り、会社にいる技術者に検討を依頼することもできます。

Chapter 4　知恵を絞って測定法を考え出そう

> **教訓**
> 　電気屋さんは、扱う現象そのものが電気信号なので、オシロとかスペアナなどの各種の測定器で分析・検討できます。しかし、メカニズムは機械的動きの中で問題が発生します。そのため、問題の分析・検討は、多くの場合、目視、荷重測定、寸法測定などがとられます。
> 　一方、オシロやスペアナ等の測定器はソフトが進化し、メモリも増え、小型化し、画面も非常にきれいになっています。その上、データをパソコンに取り込んだりして分析できます。メカ屋さんもこのような利器を使わない手はありません。そうなると機械的現象を電気信号に置き換える工夫・知恵が非常に大切になります。
>
> 置き換える工夫と知恵

・雑感

　本項のテーマは、筆者が属していた業界の現場設計者を想定しています。メカ屋さんといっても、航空、自動車、造船などの技術者は当然、電子機器やコンピュータを駆使していると思います。

　その場合は、学問的研究などに基づいた、正当な理論的裏付けのある方法を用いていることが多いようです。それに対して、この項のような事例は、学問的研究などから外れた泥臭い知恵による、でも、ちょっとした実用的効果のある、巷の技術者向けの題材と言えます。

第5章

加工法に雑学を加えよう。

- ■ 5-1　切削だけではないアルミの加工問題 …………… 122
- ■ 5-2　フライス加工による問題の例 …………… 124

第5章

5-1 切削だけではないアルミの加工問題

> **背景・予備知識**
>
> 　アルミ（アルミニウム合金）は軽いこと、汎用の金属材料の中では銅に次いで熱伝導性がよいこと、構造部品としては鉄よりさび難く、表面処理をしなくてすむ場合が多いこと、価格も適当であることなどから、ＡＶ機器やＩＴ機器によく使用される材料です。
>
> 　ただ、切削時に工具切り刃付近に被削材が凝着する構成刃先ができやすい、などの加工面での問題を持っているので注意が必要です。アルミの軸のローリングカシメでもインサート（カシメ部の軸をつぶすポンチ状工具）に付着物が生じます。

・発生した問題

　電気回路を構成するPCB（Printed circuit board：プリント基板）に導電性の異物が入り、電気回路機能が問題を起こしました。

・原因

　ICの放熱用として、アルミ板をプレス加工して作った部品を使用していました。そのプレス加工の中で「U曲げ」とか「箱曲げ」とか言われている曲げ加工に問題の原因がありました。本項では「U曲げ」中で、90度の曲げ角度を精度良く出すために、しごきに近い「しごき曲げ」と言われている加工を施した部分で発生した例を取り上げました。

　この加工部分に、しごきによる加工かすが圧着されていたのです。そして、その部品を組み立る過程で、加工かすが周辺部品に接触したなどの理由により、圧着が外れ脱落したのです。

　参考ですが、しごき加工とは、図5.1に示すように絞り加工で得たカップ形状の、側壁（立ち壁）の厚さをt_0から、t_1に薄くするため、金型のダイスとポンチのクリアランスを小さくして無理やり押し出す加工です。アルミの展伸性を活かせる加工で、円筒部の精度や表面粗さを改善することができます。

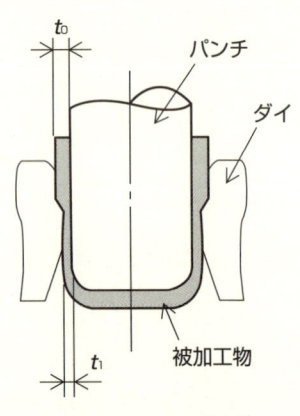

図5.1　しごき加工

・実施した対策

次の二つの対策を実施しました。
① 金型のパンチ相当部にメッキを施し、滑りを良くしました。
② 曲げ部のRを大きくしました。

> **教訓**
>
> 　アルミを切削すると、切粉になるべき材料が切り刃に凝着し構成刃先ができます。この切粉になるべき材料の凝着は、まず小さいものが凝着し、それが大きくなり凝着部から脱落することを繰り返します。
>
> 　このような現象は、切削だけでなくプレス加工でも生じます。プレスの場合は、しごきによる加工かすがパンチとかダイに凝着し、ある大きさに成長し脱落します。このように、凝着しているすべての加工かすが脱落すればよいのですが、脱落する前にプレスの圧力などで部品表面に圧着され、そのままの状態で保持されるものがあるのです。
>
> 　しかも、圧着状態が保持され続ければよいのですが、部品の組み立て時のこすれとか、振動・衝撃などで圧着が外れることがあります。そして、外れた加工かすがプリント基板部に付着した場合には電気的ショートなどの問題を起こします。
>
> 　アルミはアルミゆえの特長と扱いにくさを持ちます。これらを知った上で、形状を決定したり、加工後の処理を図面などに指示する必要があるわけです。これが本項の教訓です。
>
> 　また、工程で振動試験を行っている場合は、振動試験を利用して、脱落したアルミくずやはんだくずをふるい落とす方法もあります。ただし、完全なふるい落としは保証されないので、必要に応じてチェック工程を入れましょう。

・雑感

　アルミは、はんだ付け性、溶接性も良くありません。ご注意のほどを！

第5章　5-2　フライス加工による問題の例

> **背景・予備知識**
>
> 　日本で製造された製品が、アメリカやヨーロッパで販売されるだけではなく、中国で製造されたものが世界中に送られるなど、製品はグローバルに移動しています。製品移動の大部分は船舶による輸送です。そして陸揚げされると、鉄道やトラック輸送が待っています。
>
> 　ヨーロッパやオセアニア諸国への輸送航路は、生産地から熱帯の海を経由して目的地に至ります。このとき船倉はかなりの温度になるはずです。また、トラック輸送の場合は、どんな道を走りどんな振動を受けるかわかりません。
>
> 　製造メーカーは自社での調査や、問題発生のフィードバックなどを基に、温度だけではなく、湿度やあるいは港湾での荷積み荷降ろし時の製品にかかる力、陸地輸送の振動などを予測し、製品や梱包に要求される設計基準を作っています。
>
> 　このような輸送にからんで、フライス加工に起因する問題が明らかになった例をあげます。

・発生した問題

　日本で生産し、半完成品としてヨーロッパに送ったCDのメカニズムの現地受け入れ検査で、CDの読取り能力が落ちていることが分かり、完成品にすることができない事態になりました。

・原因

　読み取り能力の落ちているメカニズムを調査するとレーザーピックアップの機能が低下していることが判明しました。そこでレーザーピックアップの生産経歴を追いかけた結果、ピックアップのベースになるフレームに問題があることが分かったのです。

　フレームはアルミダイキャストでできていました。レーザー光を反射させるミラーを貼り付けるため厳しい精度を必要とする個所は、ダイキャストフレームにフライス加工を追加していました。

Chapter 5 加工法に雑学を加えよう

　生産量が非常に多いため、このフライス加工は、同一加工を何台もの機械で行っていました。そして、問題が発生したピックアップのフレームは、その多くの機械の中で、特定の機械で加工されたものに限定されていたのです。

　問題が発生した経過を、必要な部分のみを取り出しモデル化して、**図5.2**に示します。

　加工の常識どおり、フレームは外側に4箇所の加工基準面を設けています。反射ミラーを取り付ける部分の加工も、この基準面でフレームを固定して行っていました。

　その中で、問題の発生した特定の加工機については、加工機自体でなく、セットされた刃物に原因を持っていたのです。刃物の研磨状態が悪かったため、良品の刃物に比較して、反射ミラー取り付け部の加工時に大きなフレーム押し付け力がかかったのです。この力により、フレームが破線のように弾性変形（逃げ）した状態で加工されました。仕上がり時は、刃物が逃げるため変形した部分の弾性変形が戻り、反射ミラーの取り付け部は数μmの中ぶくれ状態になっていました。

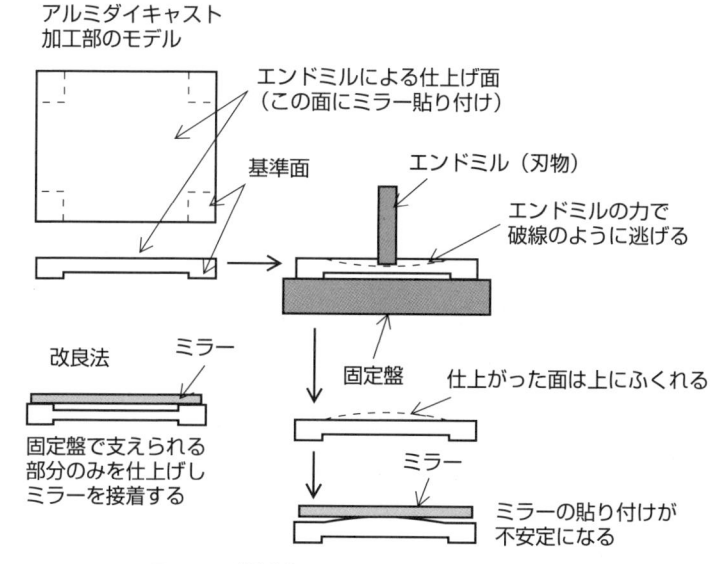

図5.2　機械加工での問題と改良法

この中ぶくれがミラーの貼り付けを不安定にし、輸送時の温度変化や振動でミラーが動いたのです。ミラーが動くことによりレーザーの光軸が移動し、光学系が信号を読み取るための最適条件から外れたのです。

・**実施した対策**
　次の2点を実施しました。
 ① 加工機の刃物の管理をルールに基づいて確実に行うことにしました。当然なことですが、徹底する必要がありました。
 ② 本項で述べた問題だけでなく、種々の加工不具合により平面の乱れがあったとしても、ミラーの固定が不安定にならないよう、貼り付け部を、単一の面からミラーの外周に近い3箇所の面に分割しました。もちろん貼り付け強度は確保される条件の元にです。

教訓

　機械加工では色々な力と、その力による変形が生じます。本項の場合を例にして、概略の数字を当てはめてみます。大雑把ですが、幅8mm、長さ10mm、厚さ1.5mmのアルミの板を長さ方向の両端を支持し中央に荷重をかけるとします。はりの計算によると、5μmのたわみを生じるためには、わずか4.7kgfの荷重でよいのです。厚さ1mmでは、なんと1.4kgfなのです。認識が新たになりませんか。このあたりのイメージを記憶に残しておきたいですね。
　もう一つの教訓があります。平面の支持は平面では行わないことです。できたら3点支持にしましょう。中学校で習ったように、3点は一つの平面を作るという簡単な原理です。簡単で当然なことですが、注意していないと見落とします。

第6章

図面についての雑学で得をしよう。

- ■6-1　公称寸法と実寸法の違いにある損得勘定 …………… 128
- ■6-2　間違いの無い図面の注記・・・プラスチックの場合 …………… 132
- ■6-3　間違いの無い図面の注記・・・鋼板の場合 …………… 136
- ■6-4　図面の雑学・あいまいさ …………… 138

第6章　6-1　公称寸法と実寸法の違いにある損得勘定

> **背景・予備知識**
>
> 　ねじ長さとか鋼板の厚さとかについては、仕様書やJISに寸法許容差が決められていますね。その許容差がどのように用いられているかを深く考えることなしに、長さやら厚さやらを、カタログや仕様書の公称寸法を用いて設計を進めるのが一般的だと思います。
> 　ところが、許容差は結構作為されているようです。作為などと書くと「騙している」というイメージですが、決してそうではなく、経済的・合理的に考えられていると言ったほうが正確かもしれません。

・発生した問題

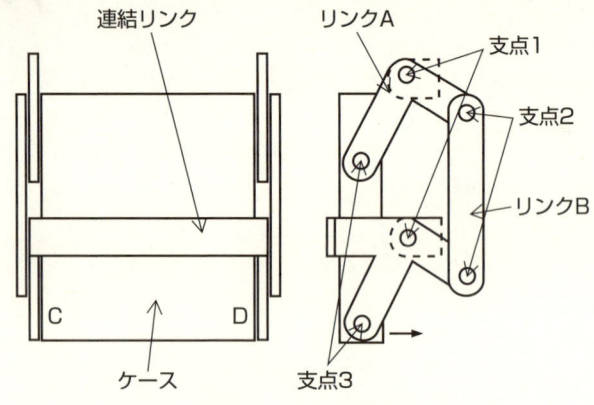

図6.1　リンク機構

　メカニズムのベースに対して、ケースを平行に保ったまま上下させるよう、リンクによる可動構造を用いて製品の設計をしました。**図6.1**にその構造を示します。
　ケースはリンクAについている支点3（左右4箇所）で支えられます。リンクAはメカニズムのベースに設けられた支点1を中心に回ります。支点2を介してリンクBで上下のリンクAの回転角を等しくします。2つのリンクAの回転は、連結リンクにより図6.1の平面図で右部より左部に伝達されます。右部と左部は対称な寸法関係に作ってあるため、ケースに設けられた支点3の4個所が同じ距離だけ矢印方向に動き、ベースに対して平行を保つのです。
　ところが、図6.1の平面図でケースのCとD部に異なった加重が加わったとき、ベ

ースに対するケースの平行性に、予定を越えた大きなズレが生じたのです。構造から推測すると、リンクA、Bが変形して、このズレが生じる割合は少ないと考えられます。

・原因

　原因は連結リンクのねじり変形が予定以上に大きいことでした。そして、さらにその原因は、鋼板の板厚が公称値より約5%薄かったことにありました。しかし、5%薄い板厚はJISに定められた許容差内でした。この板厚の違いによって次のような結果を招いたのです。

　図6.2に示すように長方形の板に、ねじり（トルクT）が負荷されたときの単位長さあたりのねじれ角ϕは、長方形の断面の幅をa、厚さをb、長さをl、せん断弾性係数をG、修正係数をkとすれば、

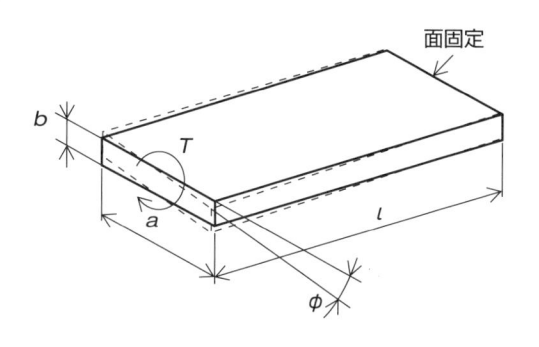

図6.2　板のねじり

$$\phi = \frac{T \cdot l}{k \cdot G \cdot a \cdot b^3} \quad \cdots\cdots\cdots\cdots\cdots\cdots\cdots\cdots\cdots\cdots\cdots\cdots\cdots\cdots\cdots\cdots (6.1)$$

となります。本項のようにaとbの比が$a/b \fallingdotseq 10$のような大きな値をとる場合、$k \fallingdotseq 1/3$となり、式（6.1）は式（6.2）になります。

$$\phi \fallingdotseq \frac{3 \cdot T \cdot l}{G \cdot a \cdot b^3} \quad \cdots\cdots\cdots\cdots\cdots\cdots\cdots\cdots\cdots\cdots\cdots\cdots\cdots\cdots\cdots\cdots (6.2)$$

本項の問題の検討については、式（6.2）において板厚のみが変わり、その他の変数は変わらないものとします。公称板厚b_nのねじれ角ϕ_n、5%薄い板厚b_r場合のねじれ角をϕ_rとすれば、式（6.2）より式（6.3）のように計算されます。

$$\frac{\phi_r}{\phi_n} = \frac{b_n^3}{b_r^3} = \frac{1}{0.95^3} \fallingdotseq 1.17 \quad \cdots\cdots\cdots\cdots\cdots\cdots\cdots\cdots\cdots\cdots (6.3)$$

したがって、ねじれ角は公称値の板厚を持つ連結リンクでのねじれ角より約17％大きくなります。その分、平行がずれた訳です。

・実施した対策
当初、連結リンクの板厚は1.2mmでしたが、1.4mmの鋼板に変更しました。

> **教訓**
>
> 本項の問題に関連して、2つの例を取り上げ、寸法の実態がどのようなものかを調査しました。結果は次のとおりです。
>
> ① 板金（材料のロール幅1000mm未満）
>
> | 公称厚さ | JIS許容差 | 実測値 |
> |---|---|---|
> | 0.8 | ±0.06 | 0.76〜0.80 |
> | 1.2 | ±0.07 | 1.16〜1.19 |
>
> 実測値は正規分布に近いばらつきを持っていました。
>
> ② 小ねじ
>
> 小ねじのねじ部長さ規格はマイナス公差になっています。一例をあげれば、M3で長さ10mmの場合、0、−0.6です。実測値はデータが残っていないのですが、筆者の記憶では、マイナス一杯の側に分布していました。
>
> これらの例はどちらも大量に生産するものです。たとえ1％でも薄く、あるいは短くすることにより、同じ量の材料からの取り数が増えます。経済的生産の立場からすれば当然取り数の多いほうを狙うと考えられます。
>
> しかし、規格を外れれば不良品として出荷できなく訳ですから、有利な許容差のほうに生産品をコントロールするためには、製造の精度を上げる必要があるはずです。したがって、許容差を利用して取り数を多くする努力は、結果的には技術の進歩を促すことになると思われます。
>
> 次に、一品料理的に作るものについてはどうでしょうか。結論からいうと、「穴は小さく」「軸は太く」仕上がっていることが多いのです。この場合は、材料の量には関係なく、仕上がりのミスに対する防御策なのです。つまり、修正の効く側に作るのが、合理的であり、経済的と言えます。
>
> 以上を踏まえた、本項の教訓は実寸法の実態を認めたうえで設計しなければならないということでした。
>
> たとえば、板金の弾性変形を配慮しなければならない設計を行う場合、公称

Chapter 6　図面についての雑学で得をしよう

> 1.2mmの鋼板を使用するなら、板厚は1.17mmとして計算するか、許容差の上・下限値での確認計算もする必要があるということです。

・雑感

　産業界で働いている人は常に経済性を配慮しているのは当然です。言葉を変えれば、もうかるように努力しているのです。その努力は許容差のあり方でさえ例外ではありません。そのような目で、自分の周りの設計値を見直してみませんか。

経済性重視

第6章　6-2　間違いの無い図面の注記・・・プラスチックの場合

背景・予備知識

　設計業務において、図面は最終的な作品です。その最終作品たる図面は、設計面での技術的要求を伝達する手段であると同時に、製品売買の契約書の一部なのです。

　新人設計者や、図面を重視しない設計者に、この2つの点についての認識が足りないと感じられることがよくあります。

① 技術的要求の伝達手段としての図面での認識不足

　「伝達には、必ず伝達する側とされる側がある」ということです。伝達される側の立場に立って、伝達する側（設計者）の配慮が必要です。「図面はきれいでなければならない」と言われるのは単なる精神論ではなく、両者のコミュニケーションをスムーズに行うため、伝達される側に立つ第一歩なのです。そしてスムーズな伝達を行い誤解をなくすため、伝達手段における取り決めをしているのがJIS（ISO）製図法なのです。

　「分かればいいんでしょう」「面倒な製図規格なんて」という考え方は禁物です。

　しかし、JIS製図規格によって伝達できることと、伝達できないことがあります。伝達できないことを補うのが図面に書かれる注記です。本項はこの注記について述べます。

② 売買契約書であることでの認識不足

　図面を受け取った人は、その図面に基づいて加工法の決定、工程の準備、材料の手配を行い、利益を得るよう努力するわけです。ということは、設計者はそのことを知ったうえ

図面は契約書

で契約に必要な要件はすべて図面に書き込むか、別途仕様書を作る必要があります。しかし、ともすれば図面は契約書であることが意識されないのです。

・発生した問題

　香港でプラスチック部品の金型を作りました。テスト成形した部品で組み立て確認をしたのですが、予定されていた相手部品との組み立てができませんでした。ゲート（溶けたプラスチックを金型に流し込む入り口）部分の切り取り処理の残部が周りの面より0.1mmほど高かったのです。

金型を修正するための交渉をしたら、「図面に指示が無いので金型作成側の責任ではないから、修正に要する費用を負担してくれ」ということになりました。

・原因

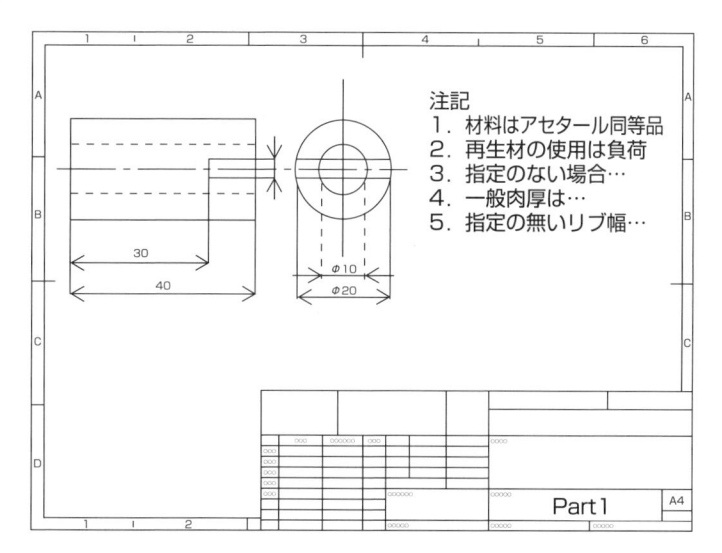

図6.3　図面の注記

原因は単に、注記として図面の中にゲートに関することが書かれていなかったことにあります。図6.3は図面の注記の例です。

さらに、書かれていた注記は日本語でした。現地で現地のメーカーと対応するメンバーは、必ずしも機械技術者とは限らず、専門的な用語も分からないことが往々にあり得るのです。このような場合、現地の日本人スタッフは、多くの場合多忙なことも加わって、不明な点の確認を行わないで、日本語のままの図面をメーカーに渡すことがあります。結果的に、本項の問題と同様なトラブルになる可能性が高くなります。

・実施した対策

当面の処置は交渉により、変更の費用を金型メーカーと我々で折半することにしました。それはともかくとして、この項の趣旨として、基本的対策について述べま

す。

　現在は、ほとんどの場合、図面はCADで書かれると思います。CADのようなコンピュータで行う作業のメリットの一つは、テキストファイルの貼り付けが簡単にできるということです。基本的対策にはこの点を活用しました。

　まず、これまでの経験から「注記」として考えられる項目をすべてリストアップし、これを英語と日本語で一つのファイルにまとめました。もちろん、エンジニアリングプラスチック関係、板金関係、軸関係などと分けてファイルを作りました。

　次に、このファイルを図面に貼り付けます。そして、不要な項目を消すのです。また、必要に応じて内容を変更します。チェックリストによるとか、検図による方法よりは忘れがなくて確実で簡単です。必要な項目をプラスするより不要な項目を消すほうが項目の抜けがありません。

　以下に、エンジニアリングプラスチックのリストの例を載せます。これを一つのファイルとして図面に貼り付けます。貼り付けた後、不要なものを消し、必要な項目中の数字などを変更するのです。参考にしてください。

1. Material should be ABC-DEF Acetal Homopolymer or GHI Co. engineering approved equivalent, color is white.
   材料はABC-DEF アセタール ホモポリマー又はGHI株式会社技術部が認める同等品、色は白。
2. No waste material should be recycled.
   再生材の使用は不可。
3. Unless others are specified, maximum molding incline is 1 deg.
   指定の無い場合、最大抜き勾配は1°とする。
4. Unless others are specified, nominal wall thickness should be 1.5 mm.
   指定の無い一般肉厚は1.5 mmとする。
5. The width of ribs without indication should be 1mm for top and 1.2 mm for root.
   指示無きリブの幅は先端1mm根元1.2 mmである。
6. Notes and Dimensions with c are Critical-to-Function.
   c付きの注記、寸法は機能上の重要性を示す。
7. No flash, no gate marks or no ejector pins are allowed in noted area.
   フラシュ、ゲートマーク、エジェクタピンは指定された範囲にはなきこと。

Chapter 6　図面についての雑学で得をしよう

8. Ejector pins are allowed in noted locations.
   エジェクタピンは指示された場所とする。
9. Mold and cavity number should be made in the indicated area.
   キャビティーナンバーなどは指定された場所に入れること。
10. Confirm the gate point with engineering section.
    ゲート位置は技術部門による承認を必要とする。
11. All ejector pins and gate marks should be flush or recessed into gear surface.
    全てのイジェクターピンとゲートマークはギヤ表面に同一平面か，またはへこますこと。
12. Corings are permissible in this areas.
    この場所に肉盗み可。
    「ちなみにCoring（コアリング）とは、プラスチック部品に部分的に肉厚の厚い部分があると表面にひけ（くぼみ）ができる可能性があるのですが、これを避けるために裏側に肉盗みとすることです。」
13. Alternative material should be JKL-MNO
    代替材料は，JKL-MNOである。

> 教訓
>
> 　上に述べたように、図面は「技術的要求の伝達手段であると同時に売買契約書であること」を十分認識して作成しなければならないものです。そして作成されたものが満足なものかどうかの確認は、チェックリストや検図だけでは不十分なのです。
> 　このような問題を解決する手段としてコンピュータの機能が活かせます。

・雑感

　海外での問題例を挙げましたが、何も海外に限ったことはありません。国内でもこの類の失敗をされた設計者は多いのではないでしょうか。参考になればと思います。

第6章 6-3 間違いの無い図面の注記・・・鋼板の場合

> **背景・予備知識**
>
> 前項6.2で「間違いの無い図面の注記」のプラスチックの場合を説明しました。考え方は同じで鋼板部品の例を紹介します。

・鋼板部品の注記例

1. Material shold be SECC（Electro galvanized steel sheet）, Scar-resistant Surface-treated（XXXXXX CO. XX-XXX）. Thickness of Coating should be 3 μm, corrosion resistance specifications are applied JIS Z 2371.
   材料はSECCで傷防止用表面処理付き（XXXXXX社 XX-XXX）。コーティング厚は3μmでJIS Z 2371によって耐錆仕様が決められる。
2. Thickness shoud be 1±0.05mm. Item is CRITICAL-TO-FUNCTION.
   板厚は1±0.05mmで重要寸法である。
3. All Edges without note should be R0.1 and all bend curvature without note should be R0.2 or less.
   指定のないすべてのエッジはR0.1で、指定の無い総ての曲げはR0.2以下とする。
5. Form gussets depth should be approximately 1mm.
   補強ポンチの深さはほぼ1mmとする。
6. Notes and Dimensions with c are Critical-to-Function.
   c付きの注記と寸法は機能上の重要である。
7. The highest burrs should be under 0.05mm.
   バリは0.05mmより小さいこと。
8. Bending angle without indication should be 90°±1°.
   指示のない曲げ角度は90°±1°
9. A warp without note should be under 0.15mm/100mm.
   指示のない場合、そりは　0.15mm/100mmより小さいこと。
10. Any residual of process oil, such as tapping oil and alcohol is to be ridded. Complete cleaning process should be taken before shipment.
    タッピングオイルのような工程残留オイルやアルコールは除去すること。出荷前に総ての洗浄工程を通すこと。
11. About packing for delivery, XXXX engineering should approve after meeting.

納入形態については打合せの後決定する。

- **雑感**

注記例はあくまで例です。読まれている皆様の経験で、上記以外にも随分注記事項があると思われます。実情に応じて使いやすいものに仕上げていただければ幸いです。

第6章　6-4　図面の雑学・あいまいさ

> **背景・予備知識**
>
> 設計図面をもとに、色々な人と打ち合わせをしますと、時々気になることや、こうしたほうがいいのではないかと思われることがあります。筆者自身も間違ったことを言っていることがあるとは思いますが、それはさておいて、本項では厚かましく気付いたことを書かせていただきます。

・気付いた内容

① 円の直径であることを示す記号に「φ」があります。JISには、「まると読む」と書かれていますし、製図の本にも大抵そのよう書かれています。「□」記号と同じように「○」記号としたかったのでしょうが、手書きの「○」は0(ゼロ)と間違われやすいために中に棒を入れたようです。

ところが、多くの人が「ファイ」と言っています。これは、印刷物ではギリシャ文字の小文字のファイを使っているからだと思います。さらに、聞き間違いのためか「パイ」と言う人もいます。少なくとも技術者は「まる」と言いたいものです。

② 勾配（こうばい）とテーパー

　　勾配とテーパーの区別がはっきりしていないことがよくあります。

　　　テーパー：図面中で上下あるいは左右対称、またはある基準の線や面に対称
　　　　　　　に2つの線や面が傾斜している場合

　　　勾配　　：片側の傾き

したがって坂道は勾配であり、メガホン形状はテーパーです。

③ 軸基準、穴基準

　　「はめあい」において、軸基準と穴基準があることは教えられますが、どちらの基準をどう選択するかは、教えられないことが多いのです。選択の基本的尺度は「作りやすさ」がです。作りにくいものを基準として、作りやすいものを合わせるのが理にかなっています。

　　たとえば、穴をあける工具の場合、ドリルにしても、仕上げのリーマにしても、市販されているものは特定の径のもので、任意の径のものがあるわけではありません。それに比べ旋盤で作る軸は任意の径に加工できます。

　　このような理由により、一般的には穴基準を用いて軸で調整しています。イ

ギリスでは穴基準しか定められていないようです。

　特殊な例として、筆者が用いた軸基準の例を挙げます。センターレス研磨した軸に、部品を圧入し、さらに同じ軸が軸受けにはまり回転する部分を持つ場合に軸基準を採用したのです。この場合、圧入する部品はプラスチックの成形品、軸受けは焼結金属でどちらも金型を用いて製造するオーダーメイド品でした。金型で作成するオーダーメイド品ですから穴径を任意に指定しても価格には影響しません。この場合は軸基準が有効でした。

　このような特殊な場合はさておき、会社としての方針、あるいは自分としての方針は穴基準を優先させておいたほうが、設計に一貫性が生じます。

④　データム

　設計の本にも載っていて、頻繁に必要とされながら言葉として馴染みの薄いのが「データム」です。「基準」という意味ですね。データムラインなどと言います。たとえば**図6.4**のように平行度を定義するとして「Aの線を基準にして、この線の平行度が0.1です。」という場合の「Aの線」がデータムラインです。

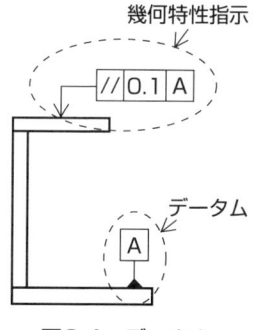

図6.4　データム

⑤　標準数

　JISに標準数が定められています。**図6.5**にその一部を示します。設計時に他の部品の寸法のより必然的に決まってしまう寸法は別にして、自分で任意に決められる寸法は標準数の中から選択してはどうでしょうか。このことを心がけていると、寸法の種類が少なくなり、生産の無駄を少なくする場合があります。また、関係する部品や生産設備と形状が整合する可能性が大きくなります。

　さらに、等比級数をベースとして実用的なことが配慮された値ですので、設計計算においても有利なことがあります。

Chapter 6 図面についての雑学で得をしよう

> **教訓**
> 　製図から始まり、物造りは「理論＋鈍臭い知識と知恵」により良い製品が生まれます。そのあたりを認めたうえで、技術者の意思伝達の基礎である製図に対し、鈍臭い企業教育、自主教育を恥ずかしがらずに行うことが重要だと思います。

・雑感

　どんな発明に基づこうと、どんな高級な計算をしていようと、設計者が自分の意思を製造現場に伝えるのは図面が基本的手段です。書くうえでも読むうえでも、図面を大切にすることが重要です。

R5	R10	R20	R40
1.00	1.00	1.00	1.00
			1.06
		1.12	1.12
			1.18
	1.25	1.25	1.25
			1.32
		1.40	1.40
			1.50
1.60	1.60	1.60	1.60
			1.70
		1.80	1.80
			1.90
	2.00	2.00	2.00
			2.12
		2.24	2.24
			2.36
2.50	2.50	2.50	2.50
			2.65
		2.80	2.80
			3.00
	3.15	3.15	3.15
			3.25

図6.5　標準数の一部

第7章

補助的材料の性質を実感しよう。

- ■7-1 接着剤での失敗経験の総括 …………… 142
- ■7-2 安全第一・・・有機溶剤のこわさ …………… 145
- ■7-3 オイルとグリースの温度による変身の実感 …………… 149
- ■7-4 どうもグリースがおかしい …………… 152

| 第7章 | 7-1 | **接着剤での失敗経験の総括** |

　接着剤といっても、非常に種類が多くありますので、起こす問題も対策法も様々です。したがって、本項で取り上げる内容も、世の中に多くある事例に比べれば、ほんの氷山の一角とは思いますが、筆者が関係した接着剤での経験で記録に残っているものをまとめてみました。

　接着剤については主要メーカーから、たくさんの技術資料やカタログが出されたり、あるいはインターネットに掲載されたりしています。接着剤を製品に使用される場合はそのような資料でよく調査することをお薦めします。

　本項では、資料に無い泥臭い内容も取り上げています。

・発生した問題・対策などのまとめ
① 硬化不完全
　　＊　嫌気性接着剤
　　　空気を遮断することにより硬化しますので、接着部からあふれ、空気に触れる場所（表面）に残ったものは硬化しません。嫌気性接着剤は銅イオンなどの金属イオンが触媒となって硬化が進みます。そのため、プライマー処理が有効です。したがって、被接着部品が黄銅や亜鉛などの場合はよく硬化します。また、環境温度は20℃以上が望まれます。
　　＊　UV（Ultra Violet、紫外線硬化型）接着剤
　　　当然ですが、UV（紫外線）が当たらない部分は硬化しません。当然なのですが、ミスを犯すことがあるので注意が必要です。影になる場所をチェックしましょう。

接着剤

　　　UV接着剤は完全硬化しても、表面に粘着性部を残すことがありトラブルの原因になります。また、UV硬化接着剤は、嫌気性硬化や熱硬化の性質を付与したグレードがしばしば使用されます。グレードの得失を確認した上で使用することが重要です。

② 硬化時に生じる残留応力
　　　熱硬化UV接着剤で固定した光学部品が、実使用範囲の温度で位置ずれを起こしたことがあります。熱膨張係数の異なる2つの部品を熱硬化接着する場合、それぞれの部品は加熱により異なった量の熱膨張をしている状態で接着が完了

します。その状態から室温に戻すと熱膨張がなくなるため、接着部分に応力が生じるのです。この応力による経時変化で光学部品に位置ずれが生じました。熱膨張係数の異なるものの間の熱硬化接着は要注意です。

③ **使用量の多すぎ**
モータにプーリーを接着剤で固定する組み立てで、余った接着剤がモータの軸受け部に入り騒音不良を起こしました。
適正な使用量を保つための一般的な対策としては、
・定量塗布のためのジグや装置の使用
・塗布面積の管理、例えば、テンプレートの使用（接着剤の種類による）
・塗布の位置が分かる指示

などがあります。
設計的配慮としては、次のようなことがあげられます。
・余った接着剤を溜める部分を作るとか、立ち壁を設けるなどして、目的外の場所に接着剤が回り込まない構造にする。
・硬化した接着剤が外形寸法に影響を及ぼさない形状にする。

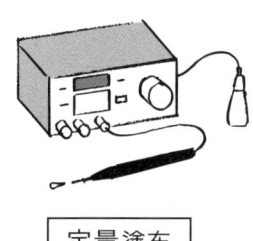

なお、接着剤は、多く使用すれば大きな接着強度が得られるというわけではありません。逆の場合も多いのです。

④ **保管問題**
シアノアクリレート系接着剤を使用して、軸に挿入接着した部品の抜け止め力が通常の1/3しかありませんでした。原因は接着剤の保管に起因しています。温度や保存期間などに注意が必要です。メーカーの仕様書を確認しましょう。

⑤ **被接着物がプラスチックの場合におけるクラックの発生**
嫌気性接着剤を使用した、ポリカーボネート製の被接着物にクラックが生じました。筆者が経験したクラックの例はこの一つですが、クラックを生じる色々な組み合わせがあると思います。接着部分にプラスチックが関係する場合は化学的性質の調査が必要です。

① **シアノアクリレート系の白化現象**
空気中の水分による重合反応で接着するのがシアノアクリレート系接着剤で

す。接着の条件や気候などの影響により接着剤の一部が蒸発し、接着部近辺で重合反応を起こしてプラスチックの細かい粉末になり付着し、近辺が白くなることを白化現象と言います。この現象により、外観の不良問題を起こしたことがあります。接着力には影響がありませんでした。白化現象を完全に防止することは難しいので、外観を重視する部分には、接着作業時にマスキングをするなどの配慮が必要です。

⑦ **ネジロック**

変性酢酸ビニル＋メタノール（溶剤発散タイプ）のねじロックを用いた組み立て部で、接着力が常温に対し70℃で40％に低下しました。温度による接着力の変化を考慮することが必要ですが、そもそも、このタイプのねじロックは接着力を期待しないほうがよいとのことです。

教訓

接着は、組み立てのためのスペースが必要ではないなどの特徴があり、組み立ての補助材料として非常に便利です。場合によっては補助材料でなく主材料として使用されます。

反面、組み立ての信頼性を確保するためには、適する接着剤の選択とか、接着条件の適合性とか、工程の作業法とかに充分な配慮をする必要があります。

・**雑感**

手術の傷も接着剤で貼り合わせることがあると聞きました。接着は色んなところに使われているようです。それだけに奥も深いし、うまく使えば絶妙な効果を得られる可能性があります。接着の分野で社内のオンリーワンの技術者を目指してはいかがでしょうか。

第7章 7-2 安全第一・・・有機溶剤のこわさ

> **背景・予備知識**
>
> メカを組み立てるとき不要な油分の拭き取りや、汚れ落しなどのために有機溶剤がよく使用されます。
>
> 筆者がこれまで、試作やサンプル作りに使用したり、あるいは製造ラインで使用することを指定した有機溶剤を主に紹介します。現在は、毒性や環境問題で使用することが禁止された
>
> 有機溶剤はこわい
>
> り、使用されなくなったものもあります。しかし、皆さんが海外工場などに出られたとき出くわす可能性もあると思いますので、筆者のメモにあるものをすべて紹介させていただきます。

・発生した問題

有機溶剤は、すばらしい効果を発揮するのと裏腹に、毒性を持つ場合があることを十分に認識しないで使用していました。

安全担当の人から、恐ろしさを聞き、慌てました。

・実施した対策と各有機溶剤の紹介

対策としては、特別な理由がない限りイソプロピルアルコール、エチルアルコールやアセトンを使用することにしました。

以下、メカの開発に使われる(使われていた)可能性のある各有機溶剤の紹介です。

* メチルアルコール(メタノール)　CH_3OH
  * 汚れ落し
  * 毒性、引火性、爆発性、最高作業場濃度200ppm、沸点64.7℃、分子量32.04、発火温度470℃、比重0.79
  * 皮膚から吸収・蓄積され、視神経に対する作用が大。
  * 酒として飲めば失明することがある。30cc以下の飲用でも死亡した例がある。

* エチルアルコール（エタノール）
  C_2H_5OH
  ・溶剤、消毒剤　酒類
  ・エタノール、メチルカルビノールとも言われる。
  ・沸点78.5℃　揮発性が強い。
* イソプロピルアルコール（イソプロパノール、IPA）$(CH_3)_2CHOH$
  ・溶剤
  ・消毒用として医療でエタノールとともによく用いられている。エタノールに比べて毒性が少し大きい。
  ・安価で殺菌力も強いので一般的なクリーナとして用いられる。
* シンナー
  ・数種の有機溶剤の総称（トルエン、酢酸エチル、MEKなどで種々の配合比のものがある）
  ・塗料を薄めるための薄め液としての用途が代表的。
  ・中枢神経麻痺作用があり、吸引による中毒が有名。
* ベンジン
  ・マジックインキ落とし、一般の洗浄用
  ・ガソリンより沸点が低い。
  ・粘膜を刺激、興奮、さらに手足が痙攣。140mg/l以上の濃度で3時間程度の吸入で死亡することがある。
  ・少量の蒸気を吸入した場合は外気を呼吸すれば間もなく回復するが、多量の蒸気を吸入すると死亡することがある。
* ベンゼン　C_6H_6
  ・溶剤
  ・沸点80.1℃
  ・強い造血障害を起こす。
* ヘキサン　C_6H_{14}
  ・製品の汚れ落し

蒸留酒は酔う剤？？

- 毒性、引火性、爆発性、最高作業場濃度500ppm、沸点69℃、分子量86.17、発火点260℃、比重0.66
- 有機物中で最も火気に注意する必要があり、危険物庫に入れる量にも注意が必要。
- 弱い麻酔作用はあるが、毒性は比較的少ない。

* アセトン（ジメチルケトン）　CH₃COCH₃
  - 沸点56℃の無色の液体
  - オイルなどをよく溶かすため有機溶剤として広く用いられる。高い揮発性を持ち、引火性が強いため、火気に注意が必要。
  - ふきとりに使用するくらいの量であれば毒性は少ない。
  - マニキュア落としにも使用。

* ジエチルエーテル（エーテル）C₄H₁₀O
  - 光学レンズ類の手拭洗浄

* MEK　メチルエチルケトン　CH₃-CO-CH₂-CH₃
  - 塗料溶剤　樹脂類の溶解性、インクなどの除去能力大。
  - 毒性、引火性、爆発性、最高作業場濃度200ppm、沸点79.6℃、分子量72.10、発火温度404℃、比重0.81
  - アセトンより毒性、刺激性が大きい。300ppmで頭痛、粘膜刺激、500ppmで不快感、嘔吐。

* 4塩化炭素　CCl₄
  - 過去は磁気ヘッドの洗浄
  - 毒性、最高作業場濃度10ppm、沸点76.7℃、分子量153.84、比重1.59
  - 溶剤、駆虫剤、殺虫剤などに用いられる。消火器への使用は1973年に廃止された。オゾン層破壊物質であり、モントリオール議定書により1995年末までに生産は全廃された。
  - クロロフォルムより反応性が強い。心臓、肝臓、腎臓に対する毒性が強い。致死量は2〜4ccである。吸入、皮膚呼吸でも被害が起こる。咳、頭痛、嘔吐がある。興奮・無意識になり、肺から出血し死亡する。慢性障害としては視神経の膨張、黄疸、肝臓肥大。

* トルエン　C₆H₅CH₃

- 油類をよく溶かし溶媒として使用。
- ベンゼンの代替溶剤として広く用いられる。
- 毒性、引火性、爆発性、最高作業場濃度200ppm、沸点110.6℃、分子量92.13、引火点552.6℃、比重0.87
- 皮膚、粘膜刺激が大きい。100〜200ppmを長時間吸入すると嘔吐、錯覚感が出る。皮膚中の油脂を溶解し、皮膚炎の原因となる。

* トリクロルエチレン　$CHCl=CCl_2$
- 脱脂・洗浄用に最も多く用いられている。医療用の麻酔剤としても用いられている。使用法によっては角膜知覚異常や肝臓・腎臓障害を生じることがある。

> **教訓**
>
> 毒の強いシアン化合物（青酸カリが有名）や、爆発の危険性のあるニトロ化合物、強酸、強アルカリのようなものに限らず、化学物質には危険性があるものが多くあります。
>
> 今までに使っていない化学物質を使用するときには、十分な調査が必要です。

- 雑感

　実用する有機溶剤を選択される技術者の方は、本項の内容も含めて自分の持っているデータを表にまとめ、注意点を色表示するなどされたらどうかと思います。

第7章 7-3 オイルとグリースの温度による変身の実感

背景・予備知識

硬い話になりますが、本項の内容を理解いただく助けとして、少し理論的な解説をします。

まず、オイルの粘度について、**図7.1**に基づいて説明します。ある基準面よりの距離 y を持ち基準面に平行な面において、流体は x 方向に流れているとしてその速度を u、そして、そのとき平行な面の両側の速度差によって生じるせん断応力を τ とします。流れは層流の場合です。これらの間に次のような関係が成立し、かつ μ が一定の場合、すなわち τ と du/dy の間に比例関係があるとき、この流体をニュートン流体といっています。水やオイルはニュートン流体です。

$$\tau = \mu \ (du/dy)$$

この式において、比例定数 μ を粘度といいます。単位はPa・sで通常mPa・sが使われます。これらの目安となる例としては、1atm、20℃の水の粘度が $\mu = 1$ mPa・s であることがあげられます。

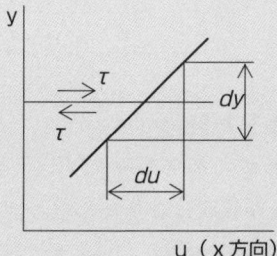

図7.1 オイルの粘度

また、次式に示すように、粘度 μ を流体の密度 ρ で除した値 ν が動粘度です。

$$\nu = \mu / \rho$$

単位はm^2/sで通常mm^2/sが用いられます。そのほかにも、粘度、動粘度の単位にはCGS単位系としてポアズ、センチポアズ、センチストークスも用いられます。詳細は関係の書物を参照してください。

グリースについては硬さを示す尺度として、ちょう度が使われます。ちょう度の測定方法は、JIS規格K2220-5.3.2により円錐（質量102.5±0.05g）を保持具（質量45.50±0.02g）と共に、試料中に垂直に5.0±0.1秒間進入させた後、指針の示度（進入深さ）を10倍します。そして、下のように硬さの度合いにランクをつけています。以上が予備知識です。

NLGI No.	ちょう度	状態
000	445〜475	流動状
00	400〜430	流動状

0	355～385	軟らかい
1	310～340	やや軟らかい
2	265～295	普通
3	220～250	やや硬い
4	175～205	硬い
5	130～160	非常に硬い
6	85～115	非常に硬い

・発生した問題

メカニズム（カーステレオメカ）の低温（－20℃）試験で、複数の機能が動作しない状態になりました。

・原因

大型低温槽に入り、現象を確認するとともに、槽中でメカニズムを分解しました。そして、低温状態でのオイルとグリースの状態を自分の目で確認したのです。

　　オイルは　　→　　寒いときの蜂蜜
　　グリースは　→　　チョコレート

と表現したらぴったりの状態になっていました。つまり、オイルは粘着剤、グリースは接着剤になっていたのです。これがメカニズムの動かない原因の感覚的説明です。この感覚を体得することは重要なのですが、さらに少し数字を用いて説明を加えます。

　オイルは-20℃と20℃では粘度が20～60倍変化するため次のようなことが生じます。例えば、摺動する操作用のレバーを動かしやすいように、相手部材との間にオイルを注入したとします。操作用のレバーと相手部材はごく軽く圧接し、摺動抵抗が注入したオイルの粘性抵抗にほとんど依存している場合ですと、20℃で摺動抵抗が100gfであったとすると、-20℃では約2～6kgfにもなるのです。これではレバーは動きません。

・実施した対策

　当面、オイルは塗付後、布でふきとり付着量を極力少なくしました。また、グリースは二硫化モリブデン入りのベントングリースに変更しました。このグリースは低温から高温までちょう度の変化が少ない長所を持っているのですが、レバーなどへの付着性に難があるようでした。

　その後の設計機種においては、レバーのように板金使用の部品で潤滑剤使用部分がある場合は、広い面積の面接触は避け、ダボ出しのような局部接触にするよう配慮しました。

> **教訓**
>
> 「問題が生じたときは現場を見ろ」と言われることがよくあります。本項で紹介した問題への対応で、あらためてそのことの重要性を認識しました。
>
> 　オイルやグリースのカタログ値で数字を確認しても、事の重要性をつかめないことが多いと思います。筆者の場合も、低温槽でメカニズムをばらしてみて、オイルやグリースの実体を見て、触って、「これはなんだ！」と実感したのです。
>
> 　問題が生じている、まさにそのイメージがあって、データの意味するところが理解できるのです。できるだけ、自分で、現場で、事象を確認しましょう。

・雑感

　偉そうなことを書きましたが、実際に低温槽に入っているときは大変でした。防寒服を着ていても、とにかく寒いし、手がかじかんで細かい作業ができないし、唇が凍えてうまくしゃべれないし、槽から外に出たとたんメガネに霜が付くし、です。これらは本題とは関係ない記憶ですが、その記憶が本題についての記憶を忘れられないものにしています。

第7章　7-4　どうもグリースがおかしい

背景・予備知識

物と物とがこすれ合う部分の磨耗を少なくしたり、こすれ合う力を少なくしたりするために、一般には潤滑剤が使われます。潤滑剤と言えばオイルとグリース（グリス）が代表的ですね。本項はグリースについてです。

7-3項で述べたように、グリースの粘っこさを「ちょう度」と言われる尺度で表しています。「ちょう度」が大きいほど軟らかいグリースです。そして、この「ちょう度」を与えているのが「増ちょう剤」で、多くはリチウムやナトリウムなどの金属石鹸なのです。万能グリースとして、一番多く使われているのがリチウム石鹸グリースです。

グリースのイメージは金属石鹸をスポンジに見立てて、そのスポンジにオイルを含ませたものです。実物の顕微鏡写真ではありませんが、図7.2にグリースに似た形態のイメージを示します。金属石鹸は潤滑の役目はしません。グリースに温度や圧力をかけることで、金属石鹸のスポンジからにじみ出てくるオイルが潤滑の役目をします。

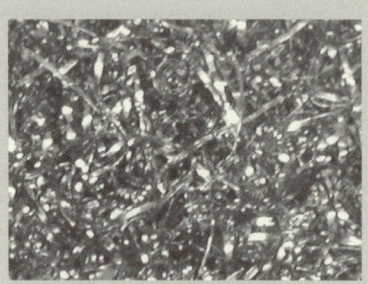

図7.2　グリースのイメージ

グリースには、色々な用途に対応して、二硫化モリブデンのような固体潤滑剤を混ぜたようなものもありますが、基本的にはにじみ出るオイルがグリースに潤滑の機能を与えます。

・発生した問題

メカニズムの試作時点では、仕様書に基づく確認試験において、使用されたグリースは機能を満足していました。しかし、実際に工場で生産されたメカニズムでは、金属部品のグリース塗布部分が、確認試験の時点と異なり動作不良となりました。

・原因

小物の家電製品や、小型のメカニズムは、何年か前までは人件費の安い田舎の町に小規模な工場を作り、簡単な製造ラインでパートの作業者が主となり生産することが多くありました。今は、そんな工場の多くが中国に移っています。

Chapter 7 補助的材料の性質を実感しよう

　このような製造ラインで、グリースは作業者単位で小分けされ、はけや筆で必要な部分に塗られていました。

　この小分けに問題がありました。小分けのためにダンボール紙の切れ端や、小さい紙の箱が使われていたのです。スポンジのイメージの石鹸に含まれていたオイルは、ダンボール紙や紙の箱に染み出して、メカニズムに塗られた時点ではグリースはオイル不足になっていました。図7.3がオイルの染み出しの例です。

　筆者の確認でも、ダンボール紙に残っているグリースのかたまりの周りには、染み出したオイルのにじみ模様がありました。このことが原因で、グリース塗布部分の潤滑能力が不足し、そのため金属部品が想定どおり動かなくなりメカニズムの動作不良となったのです。

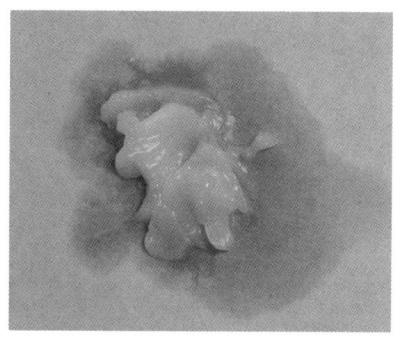

図7.3　オイルの染み出し

・実施した対策

　グリースの小分けは、プラスチックの容器を用いるよう徹底しました。また、オイルの機能を阻害するほこりなどがグリースの容器に入らないよう、作業終了時はふたをするようにしました。

教訓

　分かってしまえば簡単なことで、対策も簡単です。しかし、この簡単なことが意外と簡単には発見できなかったのです。グリースやオイルを塗れば潤滑できるとの先入観があり、疑問を持つことができないのです。

　難しい解析や苦労の多い実験により導いた対策を行っても、効果のある改善が得られない場合は、もう一度、原点に帰って基本的な事象に目を向けることも重要です。これがグリース問題での教訓です。

第8章

長年の知恵による問題解決法で技術力を付けよう

- ■8-1　フィールド調査は技術者の必須アイテム …………… 156
- ■8-2　開発プロジェクト継続の可否の判断 …………… 159
- ■8-3　潜在する応力に注意 …………… 162
- ■8-4　見逃しやすい力を受ける場所 …………… 165
- ■8-5　強弱関係に配慮しよう …………… 169
- ■8-6　制御にも影響する電磁音の対策 …………… 171
- ■8-7　気付かない磁気回路への気付き …………… 174
- ■8-8　電気接点の天敵の一つ低分子シロキサン …………… 177
- ■8-9　さびの雑学・・・電蝕とは …………… 179
- ■8-10　めっき鋼板の表面接触抵抗 …………… 182

第8章　8-1　フィールド調査は技術者の必須アイテム

背景・予備知識

　問題に遭遇したとき、設計者はその設計をしたときの前提となる条件の検証には目をくれず、設計計算以降の内容から調査や検討を開始しがちです。

・計算は正しかったか
・図面に間違いはないか
・部品は設計どおりにできているか
・組み立てに問題ないか

といった類です。

　ところが、そういった調査・検討にもまして重要なアクションアイテムがあります。そのアイテムとは、実際にその商品が使われている現場で何が起きているかを、できるだけ先入観を持たずに調べることだと思います。現場での調査で確認したことと、設計の前提とした条件との間にズレがないかを、十分見極めなければなりません。

　そのためには、漫然とではなく、目的を絞ったフィールド調査が重要だと思います。本項での例題自身は、過去の製品を取り上げているため、直接利用はできないかもしれませんが、フィールド調査の重要性、さらに目的を絞ることの重要性の実際例としてお読みいただければ幸いです。

・**発生した問題**

　ある自動車メーカーで、筆者が設計したカセットカーステレオの実用性評価試験が行われました。その評価試験の過程で、カセットテープが、テープの送り機構を構成するキャプスタン（定速送りのための軸）やピンチローラ（テープを定速送りするためキャプスタンに圧接したゴムのローラ）に巻き込んで、装置が動かなくなるトラブルが発生しました。**図8.1**に構成を示します。

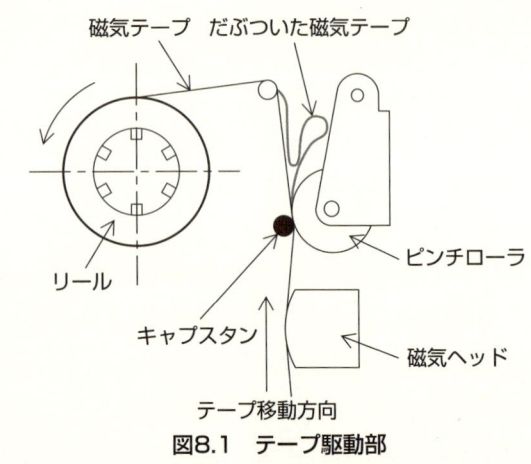

図8.1　テープ駆動部

また、巻き込んだテープは切れたりよじれたりして使用ができなくなりました。

・原因

問題が発生したカーステレオを持ち帰り、各部の力関係の測定や表面状態を確認しました。さらに、振動状態、高温や低温、高湿や低湿、低電圧での動作確認をしましたが、テープ巻き込みの症状は再現しませんでした。原因がつかめず悩んでしまいました。

会社の駐車場には600台くらいの通勤車がありました。装着されていたカーステレオも相当数です。総務課を通して所有者の了承の得、車に置いてあるカセットテープの緩み状態を設計者であった筆者自身が調査しました。

テープ巻き込み

その結果、何ヶ月か使用しないままで車の中に放置したテープには、ひどい場合、巻き取りリールの回転数で10〜15回転の緩みがあることが分かったのです。

この緩みにより、次のようなことが起こりました。

カセットメカの中で、カセットハーフのリール穴にはまり込んでテープを巻き取る部分、つまり巻き取りハブの回転数は、一般には90〜100rpm（1分間の回転数）に設定されています。本項で述べるメカは、ピンチローラの圧接を解除し、再生モードの巻き取り機能をそのまま使用する早送り方式のタイプでしたので、回転数を上げ240rpm程度に設定されていました。240rpmは1秒間には4回転です。したがって、緩みが12回転分あるとすると、緩み分をなくするのに再生モードになってから3秒かかります。この間はテープの巻き取りができません。

一方、キャプスタンとピンチローラで定速送りする機構は、1秒間にテープを47.5mm送ります。この送りスピードは規格で決まっているものです。この結果、47.5×3≒140mmの長さのテープがキャプスタンとピンチローラ近辺でだぶつくのです。巻き込んで当然という結論です。

・実施した対策

自動車メーカーにこの結果を説明しました。彼らも調査した上でのことと思いますが、カーステレオの使用説明書に「緩んだテープは・・・・の方法で緩みをなく

してから使用してください。」の内容を分かりやすく記載をしてもらうことになりました。

> **教訓**
>
> 　問題が発生したとき、刑事事件だけではなく、設計事件でも現場の調査が重要です。設計基準が正しいとは限らないし、対象の製品が設計時の条件どおりに使用されているとも限らないのです。そのあたり、名刑事と同じように、「これは何かある、おかしい」と気付くとすれば、それは、その製品を生み出した設計者が最も有力な位置にいるのではないかと思います。
>
> 　そして、調査した結果をきちんとデータ化しておきますと、問題の解決に役立つだけでなく、お客様を納得させ、安心させることができる強い武器になります。
>
> 現場調査

・雑感

　テープの緩みを調査するに至った動機は、現実には自分が想定していないことが起こっているのではないかと考えついたことにあります。

　そして、このように考えついたのは、以前に、実態をよく観察しないで設計したことによる失敗体験があったためです。失敗体験は重要です。

第8章　8-2　開発プロジェクト継続の可否の判断

背景・予備知識

1996年頃の話です。

当時、1.4MBのフロッピーディスク（FDD）では、外部記憶装置として記憶容量の小さいことが問題になってきていました。CD-ROMは出始めてはいましたが、書き込みのできるものはほとんどなく、外部記憶装置としては主流ではありませんでした。

その中で、Iomega社のZipドライブが、かなり出荷されていたと思います。ディスクの外観はFDDに似ていて、100MBの容量を持っていました。ドライブが2～3万円、ディスクが2,500～3,000円といったところでした。

このような背景の中で、アメリカのシリコンバレーのベンチャー企業A社を中心にして筆者のいた会社と、もう1社、日本の大手電子部品メーカーB社で、ハードディスクドライブと同様に磁気ヘッド浮上型の大容量（128MB）FDDを開発しようとしたのです。ちなみにZipドライブは磁気ヘッド浮上型でなく接触型でした。

大容量FDD開発

・判断が必要になった背景

この磁気ヘッド浮上型の技術は、アメリカのある博士の浮上理論に基づいていました。A社の設計陣が、磁気ヘッド浮上型の大容量FDDドライブにその理論を適用して開発を進めていたのです。

我々が参加したのは、20台程度の試作品を組み立てる段階でした。サンノゼに行って、試作に参加したのはいうまでもありません。日本のB社からも5人ほど技術者が参加していました。

一方、この業界の動きは当時でも非常に速く、開発は一刻を争う激しい競争下にありました。開発し生産するためには、試作時点より時を移さず、生産ラインの計画と発注や、納期の長い部品の仕様決定と発注を行う必要があったのです。

そのためには、まず、量産に移行できるかどうかを見極める必要があります。移行できるとしたら、製品の原価構成はどのようになるのか、主要部品はどのように

手配するのか、生産設備はどんなものが要りどのくらいの価格か、生産での歩留まりは・・・・など、多面的で具体的な計画が必要となります。

　もちろん、そのためには、それぞれ専門のスタッフが必要です。その中で、まず第1段階は、製品が製品としての所定の機能と仕様を満たせる仕上がりになるのかどうかを判断することでした。それが、FDD設計実務と共に筆者に課せられた役目でした。

・どのように判断したか

　残念なことに筆者の頭脳では、かの博士の浮上理論を十分に理解し、その理論の延長上で実用化の可能性を推し量ることはできませんでした。筆者のよりどころは、長年のメカニズムの設計と、それが実際に生産された場合の経験からくる勘しかなかったのです。

　その勘に基づいた考え方の基本は「理論が正しいならば、20台くらい試作すれば1台くらいは、不十分ではあっても曲がりなりにも機能するものがあるはずだ。後は機能しないものと機能するものを比較していけばよい」というものです。

　ところが、試作終了時点で、曲がりなりにも所定の機能するものが1台もありません。関係技術者に聞いても「博士の理論ではちゃんと浮上するはず」との回答があるだけで、筆者の能力に合わせて、納得できる説明のできる人がA社にはいなかったのです。筆者は「これはダメだ」と判断しました。大きく育つ事業を失うことになるかもしれないので、怖さは当然大きくのしかかって来たのですが。

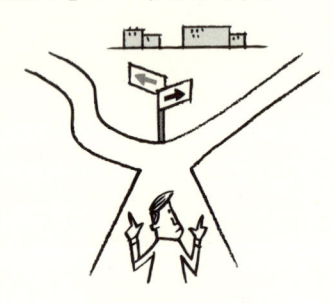

判断の分かれ道

・結果はどうなったか

　帰国し、上司にこのプロジェクトからの撤退を進言しました。また、これまでの契約などを専門の担当者と打ち合わせし、ロスの少ない撤退の方法を模索しました。

　上司は、筆者の判断を採用してくれました。結果的にはその商品は筆者のいた会

社からも、A社、B社からも世に出すことができませんでした。筆者が帰国した後、A社とB社はどのように開発を進めたのかは分かりません。

ただ、後日、聞いたうわさでは、日本のB社は製造ライン造設と主要部品の発注を行ったため多額の損失を出し、担当していた取締役は責任を云々されているとのことでした。

ここまでの話では、この磁気ヘッド浮上タイプに対する判断は一応大正解だったのですが・・・。

もし、A社での試作品が技術的に十分機能したため、「GO」の判断をし、実際に製品として発売されていたとしたらどうでしょうか。大きく利益に貢献したでしょうか。

否です。その製品の販売寿命は短く、投資の回収さえできなかったと考えられます。ZipドライブがたどOった運命と同様に、そのFDDはCD-Rに取って代わられたはずです。650MBの容量にもかかわらず、一枚50円ほどのCD-Rディスクに対して勝ち目があるはずがありません。たとえ、リライタブル（再書き込み）であるFDDのメリットを持ってしてもCD-R/Wに勝てなかったのです。

これを振り返ると、製品の競争は、一製品の開発についての可否の判断もさることながら、業界の大きな流れを判断しないとダメだと教えられた訳です。

・雑感

この例で述べた判断のよりどころは、どこかで参考になるかもしれません。ただ、後になって言えることかもしれませんが、筆者の進言に、当のドライブの技術的可否に加えて、外部記憶装置の動向からの判断があれば、よりよかったと思います。

第8章 8-3 潜在する応力に注意

> **背景・予備知識**
>
> 自分たちが作ったものでなく、部品として購入した小型DCモータで起こった問題です。
>
> 設計変更は製品にはつき物です。トラブル対策、コストダウン、お客様からの仕様変更依頼、部品の調達問題、営業要望などによって変更が実施されます。
>
> そのような色々の変更の中で、つい犯した配慮ミスにより問題が生じました。その問題で分かったことを紹介します。

・発生した問題

　ノートパソコンに搭載されているCD（DVD）-ROMドライブは、外形形状が小さいことが望まれます。各社のドライブ間の互換性も考慮し、厚さは1/2inch（12.7mm）と非常に薄いものが主流になっています。

　その薄さを達成するため、ディスクを回すスピンドルモータにはディスクのチャック部も含め、10mm程度の厚さしか許されません。こういった条件から、ブラシレスの扁平モータで、コイルをステータ（固定子）とし内部に置き、外側にマグネットを付けたロータ（回転子）を配置する構造がよく用いられます。このロータの上面部はCD（DVD）ディスクをセットするためのターンテーブルを兼ねます。

　CD（DVD）-ROMドライブを使用する場合は、当然、このターンテーブルに人の手でディスクをはめ込みます。このはめ込みを比較的強い力で行った場合ターンテーブルが傾くトラブルが発生しました。

・原因

　原因を説明するために、図8.2により少し詳細に構造を説明します。

　ディスクはセンターハブで位置決めされます。図3.26に示したように、センターハブには抜け止めの爪を普通の場合、120度おきに3箇所設けてあります。ターンテーブル（ロータ）にはディスクとの間の摩擦係数を上げる目的でシートが貼られています。ロータにはマグネットが接着固定されます。

　一方、ドライブ本体へのモータ固定の役目をするベース板にはスリーブがカシメられています。図8.2のモータの場合、スリーブの材質は黄銅でした。このスリーブには、コイルを巻いたコア（ステータ）が固定されます。コアは多極構成で回転

磁界を発生し、ロータを回転させます。また、スリーブには軸受けメタルが圧入され、シャフトを介してターンテーブルを回転できるよう支えます。

構造の説明は以上です。では何が原因だったのか。原因には、設計変更が絡んでいたのです。設計変更に至った経緯と、行った対策を順に箇条書きにします。

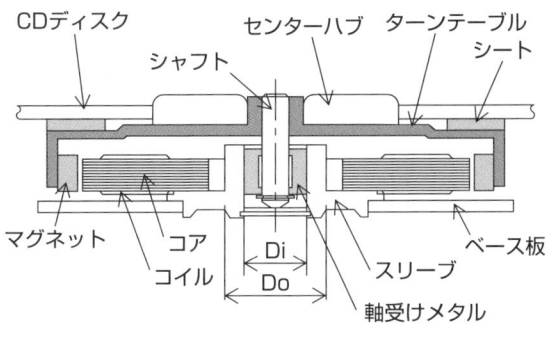

図8.2　モータの断面構造図

① スリーブと軸受けメタルの圧入において、圧入保持力を得るために設定した締め代が大き過ぎた。
② このため軸受けメタル内径が予定以上に小さくなった。したがって、軸受けとシャフトとのクリアランスが少なくなり過ぎた。
③ 対策は、圧入力を下げることであった。方法としては、型の変更が必要な軸受けメタルの変更は避け、スリーブを変更した。スリーブの変更の場合、スリーブの穴径（Di）を大きくする変更は圧入でのメタル保持力のばらつきが大きくなるため採用しなかった。採用した方法は、圧入部スリーブの外径（Do）を小さくし圧入力を下げることであった。

ところが、これで対策完了とはなりませんでした。圧入力を保持するためにスリーブが受け持っていた、円周方向の引張応力が外径を小さくすることにより大きくなり、黄銅の許容応力に近くなったのです。

一方、CD-ROMドライブにディスクを装着する場合、ターンテーブルにかかる力により、シャフトを傾けるモーメントが発生するような場合が多くあります。このモーメントは、軸受けを経由して、スリーブに円周方向の引張応力を発生させます。

このように、圧入で既にスリーブに加わっている内部応力に、さらに外部からの応力が加わり、総応力が黄銅の降伏応力を越えてしまった結果、スリーブを変形させたのです。

・実施した対策

　ばらつきが大きくならない手を打ってから、スリーブの穴径（Di）を大きくすることで、必要抜け強度を保てる範囲で圧入の締め代を少なくし、スリーブの外径（Do）を元の値に戻しました。穴径（Di）の許容差を狭めたはずです。

教訓

　設計変更時、変更の目的をクリアして、「これでよし」とするのでなく、その変更に関連して何が変化するのか、そして、その変化が別の問題を生む可能性はないのかをチェックする必要があります。

　つまり、設計変更の理由と実施した内容に一番詳しい設計者自身が、問題発生の可能性をチェックし、気がかりなことがあれば品質管理部門に、その旨を伝えなければなりません。たとえば、変更確認依頼書の類に確認項目として指示する必要があります。そうしないと、品質管理部門や検討部門は、通常の試験のみに基づいて変更の可否を判断してしまいます。

変更時は関連性のチェックが必要

・雑感

　本項の例も、これまでのように、分かってしまえば簡単なことだったわけです。しかし、発生した問題による経済的ロスは、簡単では済まされない大きなものでした。

　皆さんも、このような簡単な「つい犯した配慮ミス」に近い経験をお持ちのはずです。たまには思い出してみるのもよいかと思います。

第8章　8-4　見逃しやすい力を受ける場所

> **背景・予備知識**
>
> 　後で考えれば、何でこんなことに気付かなかったのかと思う失敗があります。しかも、結構なベテランでもそういう失敗することがあるのです。
> 　本項は、「力は受ける場所が必要」という分かり切ったことについてです。
> 　分かり切ったことでも、構造が複雑になり、しかも、多くの制約条件の中で構想・作図と進んでいきますと、意外と見落としの危険性を含むことがあるのです。
>
> 力をどこが受ける？？

・発生した問題

　あるメカニズムの試作品を組み立てました。大きな問題は無いと予想の上で、多くの部品は既に金型を作り、その金型で作成された部品を用いた組み立てでした。

　メカニズムを、駆動モードにするため、指で押し込む操作ボタンが設けられていました。そのボタンを操作するために必要な力が、予定されていた値よりかなり大きく、指での操作が困難な状態だったのです。

　もちろん、そのままでは生産を行い、市場に出すことは不可能な状態でした。

・原因

　図8.3により説明します。操作レバーを必要な方向のみに動かすため、ベース板にかしめられた操作レバー案内軸と、操作レバーには長孔が設けられています。そして、操作レバー案内軸は、操作レバーの案内のための軸部と案内座が一体になっています。操作ボタンを力Pで押すと、操作レバーが動きます。この操作レバーには一体に作られたカム部（斜面）があります。カム部はカムフォロア（カム受け）を動かし、その動きが上下ブロックを動かすのです。

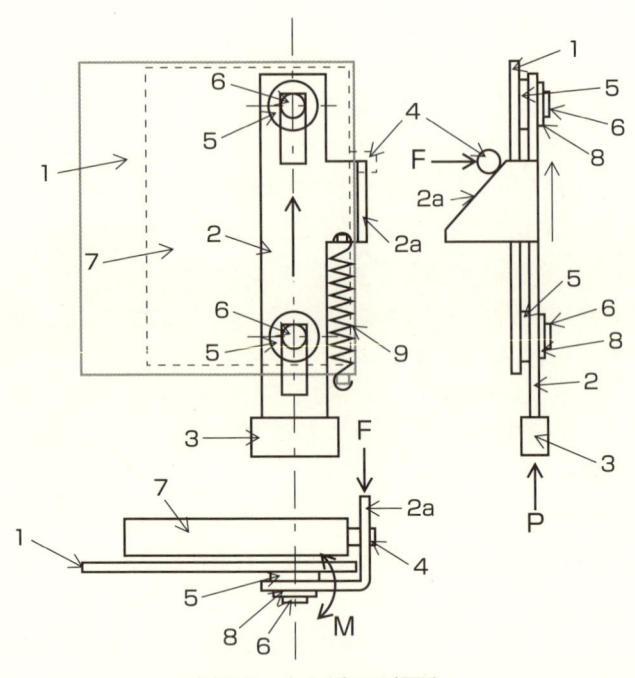

図8.3　力を受ける場所

1：ベース板　　　　　　　2：操作レバー　　　　　　2a：カム部（案内軸より7mm）
3：操作ボタン　　　　　　4：カムフォロア　　　　　5：操作レバー案内座（φ6）
6：操作レバー案内軸（φ2.5）　7：上下ブロック
8：Eリング　　　　　　　9：戻しばね
P：操作力（外径6mm）　　F：上下ブロックの移動に必要な荷重（500gf）
M：Fによるモーメント

　本項で使用する力と寸法は、実際のメカニズムに近い値を用いていますがモデル化したものです。また、力の単位としてN（ニュートン）を用いると現場での使用実感が得にくいのでgf、kgfを力の単位として用います。
　当初、操作力は次の3つの力の和を予定しました。
　① カム部の斜面角度を45度、摩擦係数を0.15とすれば、上下ブロックを動かすのに必要な力Fが500gfに対して、操作ボタンに必要な力Pは575gf
　② 戻しのバネの力を300gf

③　案内部のロスを200gfと想定
したがって、操作ボタンに必要な力Pは、これらの和で約1.1kgfになると考えました。
ところが、実際は次のような結果になりました。
a．ブロックを動かす力Fの反作用としての力がカムに働きます。この力を受ける方法が、案内軸に垂直でなく、軸線方向でした。

　したがって、反作用は軸の案内座の最大直径部と、図8.4で示す抜け止め用のEリングではさまれた部分でレバーが受けるモーメントとなっていたのです。

　また、レバーのカムの位置と案内の軸との距離は7mmで軸の案内座は半径で3mmでした。これにより、Eリングと案内の座にはカムからの反力が操作ボタンに対して

図8.4　Eリング

　　　$500 \times 7/3 = 1.17\,\text{kgf}$（7/3はEリング右側での（10/6）F、案内座左側での（4/6）Fの反力倍率の和）となって作用したのです。

b．レバーを動かすために、Eリングとレバーに約0.1mm程度のクリアランスを取っていました。そのため、レバーは作用するモーメントによって1/60の傾きを持ちます。ところが、レバーの材質はSPCC（一般冷間圧延鋼板）で硬さがHV115以下、EリングはSK5M（合金工具鋼）相当で硬さがHV200以上です。このためEリングの外径エッジは、レバーに食い込む結果になりました。案内軸の座もステンレスでしたので、Eリングと同じように外径エッジがレバーに食い込んでいたのです

c．結果として、操作レバーに関係する摩擦係数に相当する値がほぼ1.4になっていました（摩擦係数相当値は必要な力からの逆算です）。となると、操作に必要な力Pは、①の575gf、②の300gfはそのままで、それに

　　　$1.17 \times 1.4 = 1.64\,\text{kgf}$

が加わります。合わせて約2.5kgfです。指で操作するには大き過ぎる値になりました。

・実施した対策

　金型ができていた点などから変更に制限があったことも考え、次のような対策を実施しました。

① カムフォロアを単なる軸でなく、スリーブを付け回転できる構造にし、カム部のロスを少なくしました。
② 組み立て時に、Eリングは表（プレス加工によるダレ面）を操作レバーに向けるよう限定しました。
③ レバーの案内部に二硫化モリブデン入りのグリースを塗布し、生産工程では、数回のなじみのための操作を行うことにしました。Eリングと案内座のエッジの食い込みを緩和させるためでした。

この結果として操作荷重を1.6kgf程度に下げられました。何とか操作できる荷重ですが、十分とはいえないまま生産せざるを得ませんでした。本質的対策ではないので仕方がありませんでした。

> **教訓**
>
> 　上の例は、高度な設計計算の世界でなく、加減乗除の世界です。でも、この例を笑えないのです。落とし穴は、このようなところにあると認識しなければなりません。
>
> 　複雑な構造をシンプルに見る目、そしてシンプルに見た上で見落としがないかを見直すことが重要です。
>
> 　以下のことを改めてチェックすべきです。
> ・必要な力を必要な場所に作用させるには、その反作用としての力を、どこがどのように受けているのか。
> ・力の流れはどこを経由して、どこで完結しているのか。
> ・その流れの中で障害はないのか。
>
> 力の流れを見よう

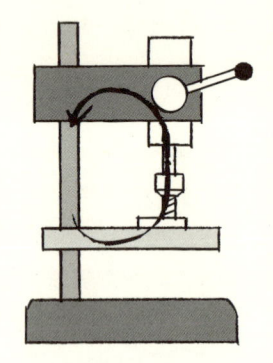

・雑感

　設計に関係して会社に大きな損失を与えるトラブルも、分かってしまえば簡単なミスに起因していることが多いのです。交通事故に似ています。簡単なミスを避けるための見方として「力の流れ」に着目することは有意義です。

| 第8章 | 8-5 | **強弱関係に配慮しよう** |

> **背景・予備知識**
>
> 　人間関係もそうですが、複数のものがあるとほとんどの場合、強さに違いがあります。そして、弱い方が強い方に合わせて収まることが多いですね。
> 　製品を構成する部品の組み立てにおいても同じことが言えます。当然のことなのですが、当然がゆえに見逃されて、製品が問題を出して初めて失敗に気付くことがよくあります。そんな事例を紹介します。

・発生した問題

　金型で製造された部品を使用して電話機のハンドセット（受話器）の試作を行いました。この試作品の評価で、受話器の音が必要とされるレベルよりかなり小さいことが分かりました。

・原因

　受話器には小さなスピーカが用いられています。**図8.5**を参照してください。電話をかけるとき手で持つハンドセットは、外観を構成する本体（一般にはプラスチック製）の強さによって、その形を維持します。この本体には、小型スピーカを取り付ける直径4mm程度のボスが一体に成形されていました。そして、スピーカは2本の止めねじでボスに固定されていました。

　調査の結果、本体に一体に成形された2個のボスの上面（スピーカが当たる面）が同一面になっていないことが判明しました。わずかな傾きと高さの違いがありました。高さの違いを測定することは困難だったのですが、直定規を一方のボスに当てると他方のボスとの間に隙間が生じたのです。

　受話器は小型化への要請から、スピーカも薄く小さいものです。したがっ

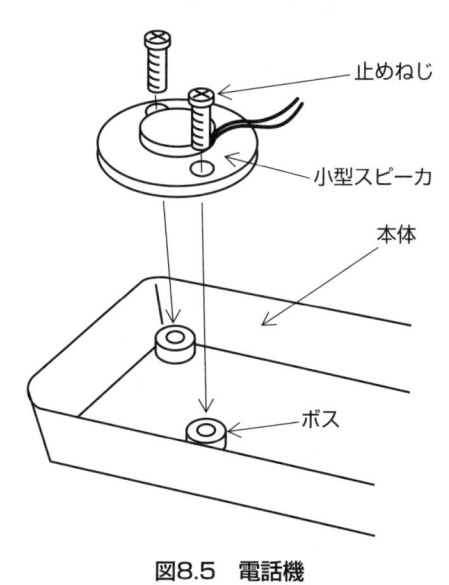

図8.5　電話機

て、スピーカ全体の剛性は、本体に比較して非常に弱いものでした。

　このため、スピーカをねじで固定した場合、2つのボス面のズレにより、弱いスピーカが変形せずにはいられなかったのです。この変形が、スピーカの作動を阻害する結果になり、音が小さくなりました。

・実施した対策

　2つのボスのスピーカ取り付け用のボス面が、同一面になるように金型を修正しました。

> 教訓
>
> 　一応の対策として、金型の修正をしましたが、これでは設計上の教訓にはなっていません。実際、本項の問題はボスが小径のため測定し難く、部品検査においての平行度や高さの判定は合格となっていたのです。
> 　教訓とすべきは、表題のように部品の組み立てにおいては「強弱関係」があり、その強弱関係によって、何が発生するかを予測しなければならないことです。さらに言えば、製品の形状には必ず許容差があります。その許容差を弱いものが吸収することになるのですが、それで大丈夫なのか、大丈夫でない場合は予想される問題を逃げる方法を講じよ、ということです。
> 　当然のことですが、当然過ぎて見過ごすことがあります。要注意です。

・雑感

　もう何年も前になるのですが、かなり強い地震がありました。その地震のために、鉄筋コンクリート造りの工場の窓ガラスが何箇所も割れていました。開け閉めができる窓枠のあるガラスは割れていませんでした。割れたのは、「ハメ殺し」と呼ばれる、建物にはめ込まれたガラスです。建物が揺れてひずむとき、弱いガラスはもろにその影響を受けたのです。

　それで、プレハブの我が家を、改めて観ると、ハメ殺しに近い窓はガラスが鋼線入りのような構造になっていました。さすが住宅専門会社の技だと感心しました。

　強弱関係を配慮した施策が施してあるのです。メカニズムの技術者も心したいですね。

| 第8章 | 8-6 | **制御にも影響する電磁音の対策** |

背景・予備知識

2つの磁極間や、磁界中の磁性体（鉄など）には力が働きます。そして磁界が変化すると、それに応じて働く力も変化します。力が変化する部分（磁性体を含む）に小さな隙間や、動きやすい構造があると音が発生する可能性があります。

身の回りの製品で体験するのは、蛍光灯から出る音です。家庭用の電源は東日本で50Hz、西日本で60Hzの交流です。そして、蛍光灯の安定器は鉄心に銅線を巻いた構造ですので、周波数に応じた銅線の線間振動や安定器の取り付け部分、あるいは安定器自身が振動して音になるのです。

・発生した問題

CDのレーザーピックアップから不要な音が発生しました。それに伴って、レーザー光のフォーカス制御やトラック制御の能力が落ちる症状が、試作品の評価段階で発生しました。

・原因

CDのディスクから情報を読み取るためには、回転しているディスクの情報が書かれている面にレーザー光の焦点を合わせることと、必要な情報が書かれているトラックからレーザー光が外れないように追従させることが必要です。

CDディスクの回転により、情報が書かれている面は、ピックアップから見ると上下に激しく動きます。また情報が書かれているトラックも激しく左右に動きます。

もちろん、激しい動きというのは、μmオーダーのピット（直訳すると穴、実際はデジタル情報が記録されたふくらみ）やトラック間隔と相対的な比較をしてのことです。この激しい動きに追従する機能は、ピックアップの対物レンズを動かすことで実現しています。対物レンズを動かすために、小型のリニアモータが形成されています。**図8.6**はピックアップの構成を示しています。

リニアモータは、図8.6の中でマグネットとヨークで作られる磁界の中に、トラッキングコイルとフォーカスコイルを置くことで形成されます。ピックアップの構成は図8.6中で対物レンズを中心に上下対称構造です。したがってリニアモータは上下で2個あります。

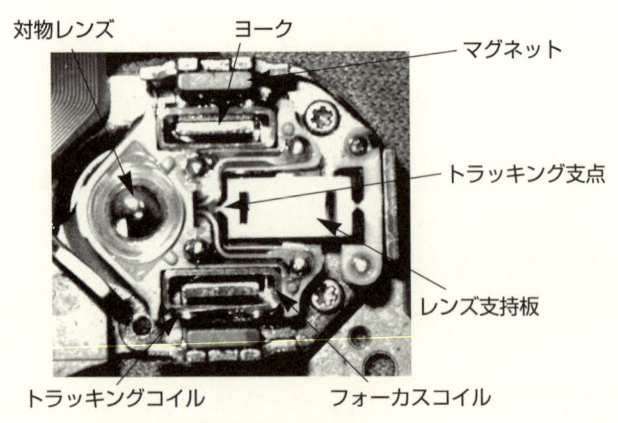

図8.6　ピックアップの構成

　トラッキングコイルに電流が流れて、力が発生すると、トラッキング支点を中心に、対物レンズは図8.6中の上下に回転してトラッキング動作をします。
　フォーカスコイルに電流が流れると、図8.6の表裏方向に力が発生します。表裏2枚あるレンズ支持板に規制されて、対物レンズは中心軸を垂直に保ったまま表裏方向に動き、フォーカシングの動作をします。
　このような精密構成のピックアップにゴミが入ったり、物に当たったりして内部が損傷するのを避けるため、対物レンズを除いた部分に図8.7で示す薄い鉄板のカバーを設けました。このカバーが問題発生の原因になりました。
　鉄板のカバーを配置すると、マグネット～カバー～ヨークに至る磁気回路を形成します。磁気回路を形成すること自体は、必要な部分の磁界を強めるので良いのです。ところが、上に書いたように対物レンズを激しく動かすため、2つのコイルには激しく変化する電流を流します。その電流により磁界は変動します。これにより、最初に書いたように、磁性体である薄い鉄板のカバーに

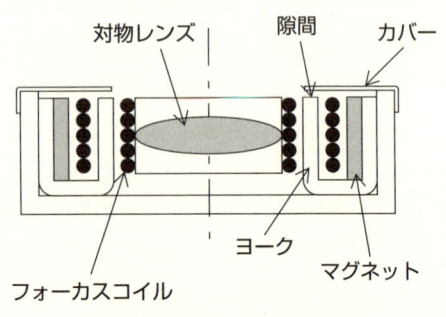

図8.7　カバーの配置

変動する力が生じます。この鉄板はマグネットやヨークに軽く接するように付けられていました。そのため変動する力による変形でマグネットやヨークにぶち当たり、音が発生したのです。

さらに、カバーのぶち当たりは、二次的な磁気変動を生じ、それが制御回路に帰還し、結果的にフォーカシングやトラッキングの制御に悪い影響を及ぼしました。

・実施した対策

カバーをプラスチックに置き換える方法が代替案として挙げられましたが、厚さの制限で採用できませんでした。

実施したのはカバーがぶち当たる部分に薄い不敷布を貼り付けることでした。

> 教訓
>
> 磁気回路を構成する部品間で、かつ磁性体の部品が存在する場合は、その部品を中途半端に接合することは避けなければなりません。言い換えれば完全に離すか、完全に固定するかの配慮が必要だと知りました。

第8章　8-7　気付かない磁気回路への気付き

> **背景・予備知識**
>
> 　磁気回路と電気回路は同じ回路という名称ですが、次のような大きな違いがあります。
> 　まず、電気回路はそこを流れる電流や、電流により発生する電圧が意味を持つのですが、磁気回路は多くの場合、磁束で表される磁場という場（環境）を意味します。
> 　次に、電気における導電体と絶縁体の抵抗の差に比べ、磁気における磁性体と非磁性体の透磁率の差が非常に小さいことがあります。電気抵抗の場合、たとえば、導電体である銅と絶縁体であるナイロンでは10^{14}倍の違いがあります。これに対し、磁気抵抗の場合、磁性体である鉄と非磁性体である空気の透磁率の違いはせいぜい10^4倍程度です。したがって、空間があっても磁束はかなり通過するし、磁性体からの磁束の漏れも多くあります。
> 　このうちの2番目の違いが、設計時点で気付かない磁気回路を生じさせる理由であると思います。磁気機能部品を使用する場合、電気部品と異なり漏れ磁束が磁気機能部品のまわりに磁気回路を形成します。このことを前提として、周辺の部品を配置することにまでには、配慮が行き届かないことがあるのです。

・発生した問題

　メカニズムに所定の動作をさせるために、プランジャー型のソレノイドの吸引力を用いました。ソレノイドは、単品では仕様どおりの吸引力を出していました。さらに、メカニズムを動かすために必要な力も測定しました。予定していた力より小さい値でした。したがって、設計条件は満足していたのですが、メカニズムは動作しませんでした。

・原因

　プランジャー型ソレノイドと周辺のメカニズムの構成を、図8.8により説明します。
　1.2mm厚さの鋼板で作られたベース板にソレノイドをねじ止めしました。そのベース版の一部を折り曲げ、プランジャー型鉄心（以後プランジャーと言う）の可動範囲を決めるストッパー部としました。プランジャー型ソレノイドは、コイルと、コイルで発生した磁束を閉じられた磁気回路に通すためのヨークと、受け心と、プ

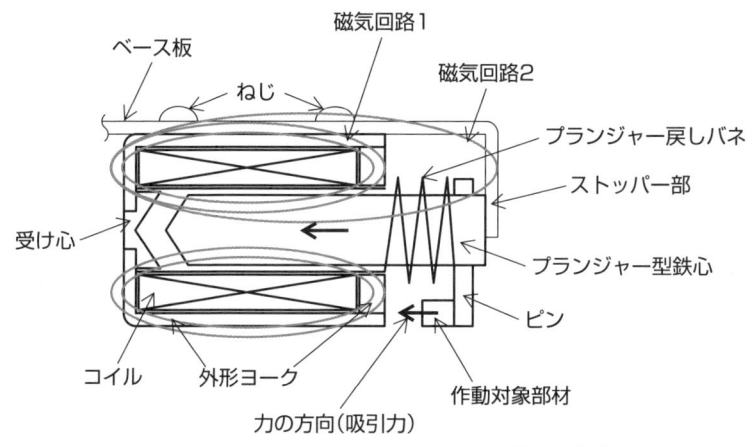

図8.8 ソレノイドと周辺のメカニズムの構成

ランジャーとからなります。コイルに通電すると、受け心とプランジャー間の磁束距離を短くするような力が生じるため、プランジャーには図8.8中で左の方向に力が働きます。ソレノイド全体から見ればプランジャーをソレノイド本体内へ吸引する動きとなり、作動対象部材を左の方向へ動かす機能を果たすのです。

この力を発生させる磁束の通り道が磁気回路1です。吸引が終わり、鉄心をリセットする目的のためにプランジャー戻しばねがあります。また、プランジャーには軸線に直角にピンが圧入され作動対象部材を動かす構成になっていました。

ところが、この構成は、全く気付かなかった別の磁気回路2を作っていたのです。コイルが作る磁束は、上述のプランジャー吸引に関係するルートだけではなく、ヨーク→ベース板→ストッパー部→プランジャー→受け心に至るルートにも分かれていました。しかも、メカニズムがリセットされたときは、プランジャーはストッパーに密着するため、この2者の間に磁気回路2により大きな吸着力を発生している状態になっていたのです。

このため、実際のプランジャーの吸引力はストッパー部とプランジャーとの吸着力分だけ減少したわけです。これが、メカニズムが作動しなかった原因です。

・実施した対策

　ストッパー部とプランジャーの吸引力は隙間のほぼ2乗に反比例するため、非磁性体のスペーサをストッパー部とプランジャーの間に入れました。このため、スペーサの厚さ分だけプランジャーの可動距離は少なくなりますが、関係部品のクリアランスをつめることで距離の減少を補いました。

> **教訓**
> 　注意していないと、このように、気付かない磁気回路が構成されている場合があるのです。本項のように、プランジャー型ソレノイドを完成した一つの部品として用いる場合など、特に気付かない可能性があります。部品の外に磁気回路ができることを思い付かないのです。
> 　予備知識の項で書いたように、磁気と電気の大きな違いに対する認識不足が、注意不足を招く可能性のあることを忘れないようにしましょう。

・雑感

　「気付かない時期回路」から外れますが、磁気を利用したメカニズムを設計する場合、マグネットメーカーのカタログレベルの知識やデータが結構役立つことがあります。それにより、必要な力や、設計上の諸元をかなりの精度で求めることができます。

第8章 8-8 電気接点の天敵の一つ低分子シロキサン

> **背景・予備知識**
>
> 低分子シロキサン!! 機械屋さんにとっては、なんだか聞きなれない化学屋さんの言葉でとっつきにくいかもしれません。しかし、これがメカニズムに付き物の電気接点の天敵なのです。
>
> シロキサンはシリコン（ケイ素）と酸素を主成分とする有機または無機化合物群です。分子量の高いものから低いものまで多くの種類があり、固体、粘弾性体、液体などの形態を持ちます。
>
> メカに関係するものとしては、シリコーンゴム、シリコーン接着剤、シーリング材、ダンパー用シリコーンゲル、放熱シート、シリコーングリース等に含まれています。
>
> この中で分子量が低く、沸点の低い低分子シロキサン（Volatile Methyl Siloxane：VMS）が接点問題に関係するのです。
>
> （参考） シリコン（Silicon）とは、元素記号Si、原子番号14の非金属元素を言い、シリコーン（Silicone）とは有機ケイ素化合物の重合体の総称です。しかし、この2つの名前はよく混同されて使用されています。

・発生した問題

車載用CD前面の操作キーの背後には様々なスイッチがあります。ほとんどは電気信号用の機械的接点を持っているものです。

この接点の何個所かが導通不良になりました。

・原因

接点近くに位置していたICの放熱を効果的に行うために放熱用の金具とICの間にシリコーングリースを使用していました。このグリースから低分子シロキサンが放出され、接点の表面に二酸化ケイ素の皮膜を形成して導通が阻害されたのです。

・実施した対策

シロキサンは分子の中に含まれるシリコンの数によってD・・と表されます。接点問題に関してはD4～D10までが悪影響を及ぼすとのことです。

グリースメーカーの技術者は、車載用CDの構成を見て、発生した問題の原因を直感したようです。早速、対策済みのグリースが用意され、そのグリースを使用す

ることになりました。

　グリースメーカーにおける対策は、シロキサンのガス化を促進する温度環境で、あらかじめシロキサンガスを放出させるとのことでした。ちなみにDの数が小さいものほど揮発しやすいのです。D3は非常に揮発しやすいのでシリコーン製品の中には含まれていないそうです。

　スイッチメーカーの仕様書の中には、「シリコーン系のゴム、グリース、オイルや接着剤を使用する場合は、低分子シロキサンガスが発生しないものを使用してください。低分子シロキサンガスは接点部に二酸化ケイ素の皮膜を形成して接点不良を起こす危険性があります。」のような注意事項が書かれていることがあります。

教訓

　この問題に取り組んだ技術者や品質管理者の検討・対策結果レポートには、おそらく「使用するシリコーン製品において、D4　は・・ppm、D5は・・ppm以下にすべきである」などと書かれていると思います。しかし、普通のメカ設計部門や部品検査部門では、まず、そのような量の測定ができないし、自分の設計した製品への許容量が分かりません。

　したがって、設計者が設計の初期段階からシロキサンに関係する数値を指定するより、製品の構成、機能、使用法などをシリコーンメーカーに説明し、シリコーンメーカーから適切な数値を提示してもらうのです。そして、その数値を図面なり組み立て指示書なりに記入するのが上策だと思います。

　シロキサンに関する数値を記入する目的は、それを厳格に守ることではなく、製品がどの程度のシロキサンを問題にするかを認識してもらうことにあります。

・**雑感**

　シリコーン製品は、色々な特殊な性質を持っています。一例としては、シリコーングリースのクリープ（移行）現象があります。「エッ！そんなに！」と驚くほど離れた距離に移動することがあるのです。

　このような特殊な性質は、問題も起こしますが、うまく利用すれば思わぬ効果も生みそうです。

第8章　8-9　さびの雑学・・・電蝕とは

> **背景・予備知識**
>
> 　金属の腐食は、高温下で空気やガスにより酸化反応する場合と、電解質溶液が存在して電気化学的に反応する場合に大別されます。
>
> 　本項では電気化学的な腐食（galvanic corrosion）について述べます。電気化学的な腐食を電蝕と呼んでいます。電食とも書かれます。
>
> 　MIL（米軍規格）STD-171Aには種々の金属が持つ電位が示されています。ポピュラーな金属の電位は次のとおりです。
>
> | | | |
> |---|---|---|
> | 金、白金：+0.15V | ニッケル：-0.15V | 銅：-0.20V |
> | 黄銅：-0.25V | ステンレス(SUS)：-0.35V | はんだ：-0.5V |
> | 鉛：-0.55V | 炭素鋼：-0.7V | アルミ：-0.75V |
> | 亜鉛メッキ：-1.05V | 亜鉛：-1.10V | マグネシウム：-1.60V |
>
> 　マイナスが大きいものほどイオン化傾向が大きいのです。
>
> 　さて、話を電蝕に戻します。電蝕は2種の金属が接して、かつ電解質溶液（たとえば食塩水）が介在すると、電池の作用が生じることで起こります。電池は電子（イオン）のやり取りですね。
>
> 図8.9　電蝕
>
> 　図8.9で説明します。前述の金属で、たとえばステンレスとマグネシウムを合わせると1.25Vの電位差が発生します。電解質があると電位差により電気はステンレスからマグネシウムに流れます。つまり電子はマグネシウムからステンレスに移動し、電子を失ったマグネシウムはイオン化して電解質溶液の中に流れ出ることになるのです。

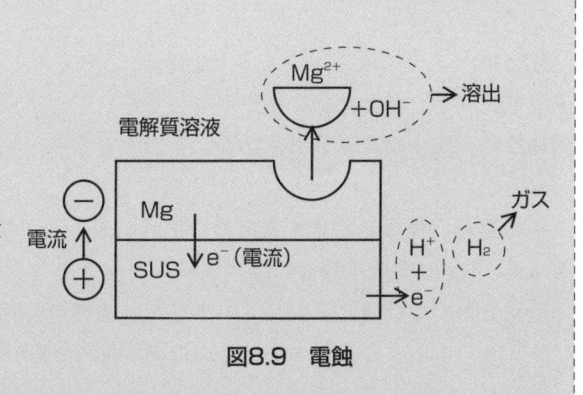

・発生した問題

　ハードディスクドライブ（HDD）にはディスクに情報を記録したり読み出したりするためのヘッドがあります。4.1項で説明したHGA（Head Gimbal Assembly）の部分です。図8.10に本項に関係する部分のみを示します。磁気ヘッドそのものは、ステンレス（SUS）でできたサスペンションと言われる部分を経て、マグネシウムでできたアームに、カシメ加工により取り付けられています。

　マグネシウムは、上でも説明したように、イオン化傾向が非常に強い金属です。つまりさび（腐食）やすいのです。

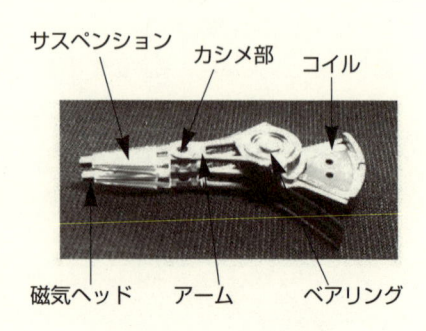

図8.10　HGAの構成

　HDDのヘッドは磁気ディスクが回転時、ナノメートルレベルのフライングハイト（飛行高さ）で浮上しています。したがって、サビの粉などによる微小なゴミは禁物です。微小なごみを出さないようにするため、アームには防錆処理が施されていました。

　防錆処理の効果を確認するため、加速試験として塩水噴霧試験を実施しました。ところが!!　24時間経過後には、アームとサスペンションをかしめている部分が元の形状を留めないほど腐食していました。腐食の場所は、サスペンションをアームにカシメているところとベアリングの固定部の2個所が主でした。

・原因

　典型的な電蝕が生じていました。アームの材質がマグネシウムであったため、想定もしていなかった激しい電気化学反応を起こしたのです。

　このような結果になったのは、加速度試験として塩水噴霧試験によりHDD内部の防錆の良否を確認することに問題があったからです。現実の使用環境と全く異なった環境で試験を行った訳で、良否判定をするためには適当な方法ではありませんでした。

・実施した対策

　塩水噴霧試験は防錆処理に良否の判断には役に立ちませんでしたが、代わりに電蝕のすごさを認識したのです。その認識の上に立って、電蝕の可能性を避けるため、次の2点を実施しました。
　①部品の洗浄と乾燥を徹底し、電解質を除くようにしました。
　②部品の扱いや組み立てや保管について、汚れや水分の付着がないようにクリーンルームのチェックをしました。
　そして、確認試験として、塩水噴霧試験から高温高湿試験に切り替えました。

> 教訓
> ① 電蝕は条件がそろうと、思ってもみない急激な反応に至ります。その反応を意識して、電蝕が成立する条件をなくす必要があります。
> ② 実使用での問題の有無を確認するために加速試験する場合は目的に合った試験を行う必要があります。一般の試験法が、適さない場合もあります。

・雑感

　マグネシウムは、軽い特性を活かして、携帯電話、デジカメ、ノートパソコンなどのOA機器や、車の部品等への使用が増加しています。皆さんも自分の担当する設計で関係しているかもしれません。その場合は、電蝕の存在を再認識することをお奨めします。

第8章　8-10　めっき鋼板の表面接触抵抗

背景・予備知識

　亜鉛めっきを主とする、めっき鋼板表面のアース性（導電性）は電気製品などにとっては、重要な特性の一つです。一般のイメージでは、鋼板には導電性が当然あると思われています。そのため、導電性があることを前提として、アース機能を持たせる構造の設計するのです。
　ところが、めっき鋼板には、表面接触時の電気抵抗が高いものがあるのです。その理由は、プレス加工を給油なしで行うための特殊潤滑皮膜処理が行われたり、表面の指紋付きや汚れを目立たさないようにするコーティングが施されたりしている場合があるからです。

・発生した問題

　カーオーディオのラジオ受信部にチューナーパックがあります。パックは箱形状で、回路部を入れる本体と蓋で構成されていました。
　パックに求められる機能の一つは、チューナ回路が良好な受信をするための妨げになる電磁ノイズを、できるだけ完全に遮断（シールド）することです。
　そのため、パックのふたの部分と本体を電気的に導通させる必要性と、さらに生産性を上げる目的で、両者の合わせの部分は、ふたの一部を板ばね構造にし、はめ込みによって組み立てていました。この蓋と本体は薄いめっき鋼板を使用していました。
　ところが、この組み立てで、電磁ノイズのシールド効果が思ったようには得られなかったのです。

・原因

　色々な確認テストの過程で、何回もふたの開け閉めをすると、シールド効果が上がることが分かりました。その事実から、めっき鋼板は表面接触抵抗が大きい場合があるのではないかという疑いが出ました。テスターによる測定を行い、実際に大きな抵抗値があることを確認しました。下の表が測定結果です。
　そして、各社への問い合わせや、カタログ・技術資料で

表面処理鋼板には

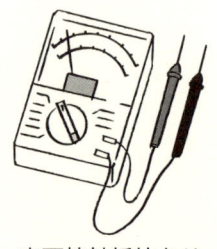

表面接触抵抗あり

確認した結果でも、同様な接触抵抗値があることが分かりました。

測定器：YHP/ミリオンメータ4328A
測定法：鋼板表面で100mmの間隔でプローブを接触させ測定

メーカー	鋼板名	後処理	膜厚 μm	接触抵抗mΩ
X社	PZ	未処理	−	40
〃	〃	A処理	−	40
〃	PT	N処理	−	40
〃	TZ	J処理	2.8	∞
〃	〃	L処理（潤滑処理）	0.8	40
〃	VZ	R処理	0.6	150
〃	〃	J処理（潤滑処理）	1.0	250
〃	PT	J処理（潤滑処理）	1.1	250
〃	〃	L処理（潤滑処理）	1.0	200
A社	溶融亜鉛	潤滑処理	1.2	300
B社	電気めっき	潤滑処理	1.4	250
〃	〃	潤滑処理	2.1	∞
〃	溶融亜鉛	潤滑処理	1.8	∞
C社	電気めっき	潤滑処理	1.6	∞
〃	溶融亜鉛	潤滑処理	1.5	600
D社	電気めっき	潤滑処理	1.4	300

∞は測定器の測定可能範囲が100Ωまでのため測定不可能を示します。

この接触抵抗により箱のふたと本体部分の間の電気的導通が不十分になり、電磁ノイズのシールドの効果が阻害されていたのです。

・実施した対策

　ケースの材料を亜鉛めっき鋼板からめっき処理なし鋼板に変更し、プレス加工後のケースにニッケルめっきを施しました。（なお、最終的には、価格面の理由から亜鉛めっき鋼板の中で接触抵抗の低いものに再変更しました。）

> 教訓
>
> 　鋼板の場合、塗装品以外は電気的導通があるといった先入観が災いしました。言い古されたことですが、先入観に支配されてはなりません。
>
> 　また、項3.3.3で取り上げたスーパーエンプラの例のように、本項の例も「長所あれば短所あり」を教えています。表面抵抗が大きいこと自身は短所ではありませんが、使いようで短所になります。したがって、長所があれば、それはどういう理由で長所になっているのか調べる必要があります。
>
> 　なお参考ですが、電気的導通性と関連するその他の注意点として、スポット溶接やはんだ付けへの影響等が考えられます。

・雑感

　長年、多くのトラブルに遭遇していますと、異なったトラブルから同じ教訓を得る場合が出てきます。何度か同じ教訓に遭遇して、やっと身に付いた知恵になったように思います。

第9章

生産ラインに関心を持とう

■9-1　生産地の特色を見直すことが必要 …………… 186
■9-2　生産場所の静電気対策は徹底的に …………… 189

第9章

9-1 生産地の特色を見直すことが必要

> **背景・予備知識**
>
> 　製品に技術的問題が発生したとき、その対策には、まず原因の究明が必要なことは言うまでもありません。原因の究明は小説に書かれている探偵の仕事のようなところがあって、直感と理論的考察とその検証で進めます。真犯人を探すわけです。自分の持っている知識と知恵を動員しなければなりません。色んな可能性を取り上げて、原因に該当しないかどうか検証することが必要です。
>
> 　本項は、色々な可能性を考える上で、思考の幅を広げるために参考になると思える例を紹介します。

・発生した問題

　ヨーロッパの工場に送った車載用CDチェンジャーのメカニズムユニットのトラブルです。

　メカニズムの主要な部品としてレーザーピックアップがあります。レーザーピックアップは、ステンレス製のガイド軸に案内されて、CDやDVDのディスクの内周～外周の間を移動し、ディスクに書かれた情報を読み取ります。本項で取り上げるレーザーピックアップではガイド軸を受ける軸受は、アルミダイキャスト製のピックアップの本体に作られた穴をそのまま利用していました

　このようなメカニズムにおいて、レーザーピックアップの軸受け部と案内用のガイド軸がさび付いてメカニズムが動作しなくなっていました。さびの発生個所は図9.1に示します。

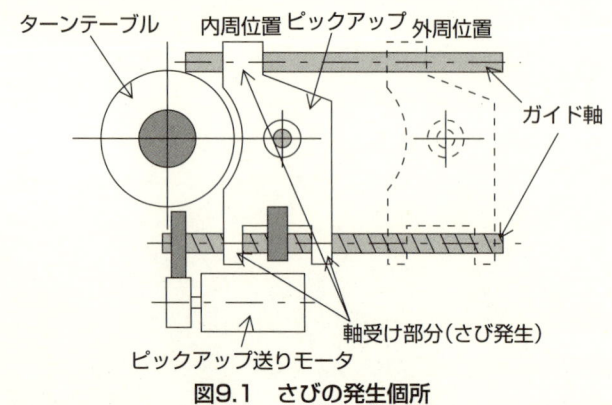

図9.1　さびの発生個所

Chapter 9　生産ラインに関心を持とう

・原因

　原因解明の手段として、まず、さび付いた部分の化学分析をしました。図9.2にさびの発生した部分のガイド軸の元素分析結果をさびのないものと比較して示します。さび発生品だけに塩素とナトリウムが検出されました。さびの原因は、軸と軸受けの材料であるステンレスとアルミの間での食塩を電解質とした電蝕だったのです。

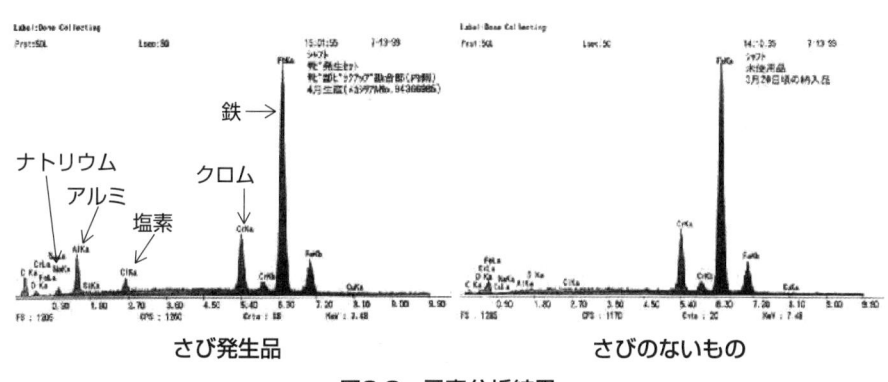

図9.2　元素分析結果

　では、なぜ食塩があるのかを調査しました。原因として考えられる、次のような関係物質の化学分析をしました。
　　　・ガイド軸の加工後に行う洗浄用の液
　　　・軸と軸受けに使用しているグリース
　　　・軸受け用の穴の仕上げに使う切削油
　結果は、いずれの物質も塩素やナトリウムは検出されませんでした。
　一方で、さびが発生したメカニズムユニットの生産経歴を調べたのです。その調査で分かったのは、さびの発生しているメカユニットの生産日が、特定のかつ連続した3日間に集中していることでした。
　その3日間に何が起こったのか。・・・探偵のような仕事です。その工場は海岸に近く、海岸線からグランドを隔てて約300mの距離にありました。その地域の測候所に、問題の日付近辺の気象はどうであったかを問い合わせました。
　その結果、重大なことが判明したのです。問題のあった日付と一致して3日間に

わたり海から14～31m/sの強風が吹いていたのです。4月でしたので、窓は閉めていましたが、塩分は工場内に進入していました。

・**実施した対策**

次の3点を実施しました。
① 該当する日付の部品の在庫品は使用を禁止しました。
② 海から離れた工場に生産場所を変更しました。
③ 通常の作業でも電解質が付着しないよう、ガイド軸の取り扱いは指サックを使用することにしました。

> **教訓**
>
> 　その道の人間はその道での見方をしてしまう傾向があります。筆者も長い技術者経験があるため、同様な傾向に陥っていたようです。
> 　と言いますのは、本項の場合、こうして書けばスムーズに原因の解明に至ったように思われるかもしれませんが、実際は、測候所へ過去録を問い合わせることにすぐに到達した訳ではなかったからです。やはり、関係者全員が長時間にわたり、その道の見方で原因の追究をしていた訳です。
> 　さらに、その道の見方でもっともらしい原因が成立した場合、そこで検討が終了し、対策が決まってしまいます。運悪く、もっともらしい原因が真犯人でなかった場合、また忘れた頃に同じ問題を起こすことになるのです。
> 　何事にもとらわれず、色んな見方や色んな可能性を謙虚に追求しなければなりません。

・**雑感**

今、多くの会社で、色々な経験をし、色々な見方ができる技術者が退職しています。そして新しい発想が重視され、若い人に期待がかかっています。それも良い面もあります。ただ、事に当って「何かおかしい、これでは問題が生じるのでは」とひらめくためには、やはり経験も必要です。両者のバランスが取れた組み合わせが理想なのでしょう。

第9章　9-2　生産場所の静電気対策は徹底的に

> **背景・予備知識**
>
> 　本項は、静電気により、電子部品が破壊したり劣化したりしないようにする対策に関する内容です。設計というより工程の管理になります。しかし、設計者も知っておく必要があります。試作や、実験の時に部品を壊すこともあるからです。
>
> 　問題の理解をスムーズにするため、静電気に関する雑学から入ります。一例として、静電気に弱い電気部品を挙げますと、MOS型ICがあります。耐え得る基準は80V以下です。よく使われるCMOS型ICでも200V以下となっています。CD・DVDドライブの主要部品であるレーザーピックアップに使われているレーザダイオードはさらに弱く、40V程度の瞬間電圧でも劣化することがあるのです。このことは、ピックアップ仕様書に「取扱注意事項」として記載されています。
>
> 　一方、静電気の発生は、日常の生活ではありふれたことです。アクリルのセーターを脱ぐだけで4～5kV、ナイロンのカーペットを歩くと2kVの静電気を発生といった具合です。
>
> 　そして、このように静電気に対して弱い部品があるにもかかわらず、その対策に見落としが多いのは、人間が静電気を感じるのが2～3kVと言われており、1kV以下ではまず感じないことに原因の一つがあるのです。
>
> 　さらに、この静電気を防止する「静電気防止材料」の言葉にも結構惑わされます。内容を理解しておく必要があります。次の3種です。
> - 導電材料：普通の金属などで表面抵抗率が$10^5\Omega$までのもの
> - 静電気拡散材料：10^5～$10^9\Omega$のもので帯電を比較的早く放散できる。
> - 帯電防止材料：10^9～$10^{14}\Omega$で帯電をある程度防止できるが、静電気を短時間になくす能力はない。
>
> 　電気抵抗にこんなに大きな違いがあるのです。

・発生した問題

　最終ユーザが使用している車載用CDが動作しなくなりました。調査の結果、レーザーピックアップの中の主要部品であるレーザダイオードが破壊していました。

・原因

　破壊したレーザダイオードを、そのメーカーで調査した結果、次のようなことが分かりました。

　「問題のダイオードはCDドライブを工場から出荷した時点で既に劣化しており、さらに車での実使用により破壊に至った。そして、出荷前の劣化の原因は静電気による。」

　静電気が原因だったのです。

・実施した対策

　原因の洗い出しのため、ピックメーカーの技術者に同行してもらって我々の製造ラインのチェックを行いました。この項では、チェックにおいて指摘されて実際に対策した項目だけでなく、既に実施していた静電気対策も含めてリストアップします。

① 静電気対応の考え方としては、対策を何重にも実施することが基本。

　静電気の対策は、特定の対策に限定せず、可能性のある事柄はすべて対策することが重要です。例えば、

- アースバンドだけではなく、導電靴と導電マットを用いる。
（導電マットを使用しながら導電靴を履いていないなどの、ちぐはぐな対策はなくすこと）

② 電源のアースに関係する対策

　アースの浮きにより、テーブルや計測器治具の外体に100 V以下の電圧がかかっていることがあります。この電圧は静電気によるものではりませんが、アースが不完全であることを教えてくれます。

　原因は3ピンテーブルタップのアースラインがどこかで途切れているなどです。アースラインの不完全さをなくすには、次のような手が考えられます。

　アースの配線：単線ではなく、太目のより線を用いる。

　接続：はんだ付けや、ラグとリード線をかしめてねじ止めする方法を用い、クリップでの接続はしないこと。

　アースの系統：複数配線とする。

③ ジグに使用するコネクタの交換

検査する製品と検査機器を接続するコネクタは日々の作業で劣化するものです。接続回数をもとにコネクタの交換頻度を規定する必要があります。

④ CRTモニターから放出される電荷に対するアース処理をします。
⑤ イオナイザーはマイナスイオンの放出を行うのが機能であり、環境を考慮しないと除電器ではなく帯電器になる可能性があります。イオナイザー設定時、電荷傾向のチェックが必要です。（最近では自動でイオンバランスが調整できるものがあります。）

参考として、イオナイザーのスケッチを図9.3に示します。寸法は概略です。

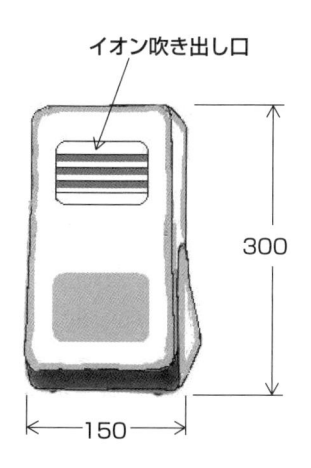

図9.3 イオナイザー

⑥ パーツフィーダーの出口のように、物が動く終着点は独立してアースをすることが望まれます。
⑦ 作業台上の導電マットは導電性が足りないことがあります。作業台にアルミテープをいっぱいに貼り付け、そのテープをアースし、その上に導電マットを置くとよいようです。
⑧ ドライバーやニッパーなどのグリップ部、ガラス容器などはアルミテープでカバーします。
⑨ 湿度の管理：相対湿度の下限を決める必要があります。
⑩ 静電破壊しやすい電子部品は保護用のショートはんだやショート配線を行い、本来必要な結線の終了後にショートはんだ、配線を取り除く方法があります。
⑪ さらに徹底する場合、工場のフロアや壁、柱、机は導電塗装をします。

また、計測してみると分かるのですが、帯電の大きさは作業者によってかなり違います。おそらく着ている衣服との関係だと思います。残念ながら、その関係についての調査はできていません。

Chapter 9　生産ラインに関心を持とう

> **教訓**
> 　静電気対策は、考えられることをまず実施し、その後、電圧チェックなどで確認しながら効果のない対策を止めていく方法が良いと思われます。
> 　また、上述の繰り返しになりますが、静電気対策は、何重にも実施することが大切なのだと、経験の深いメーカーの技術者から教えられました。

・雑感

　アメリカの砂漠に近い乾燥地のホテルでの出来事です。夜、真っ暗な部屋に帰って、カーペットの上に立ち、照明をつけようとしたとき、自分自身がボーッと明るいのに気がつきました。体に蓄えられた静電気がゆっくりと放電するとこうなるのですね。静電気の存在を実感しました。

第10章 設計者サイドの特許出願を知ろう

■ 10-1　技術者の位置づけと陥りやすい罠 ……………… 194

第10章

10-1 技術者の位置づけと陥りやすい罠

> **背景・予備知識**
>
> 　筆者は設計者時代に200件を超える出願をし、その出願に対する多くの異議申し立てや拒絶査定に遭遇しました。そのような経験をとおして、それなりの知恵がつきました。その中から1つの例を取り上げ、技術者にとっての特許出願の位置づけと陥りやすい罠を紹介したいと思います。
>
> 　ところで、現在、筆者には個人的に相談を持ち込める弁理士さんがおります。どなたも、博学ですし、頭の回転もすごく速いし、もちろん特許関係の経験も実に豊富なので、すごいなと敬服しています。
>
> 　会社にいた頃も知的財産の部署には、弁理士の資格を持っている人を含め、すばらしい人が多くいました。
>
> 　しかしです。特許はなんといっても、まず発明者ありきなのだと思うのです。弁理士さんがいかに有能であっても、発明の対象となる部分に関しては発明者のほうがよく知っているのが普通です。だから、何かを発想された技術者の皆さんは、その発想については自分が一番詳しいと自負してよいのです。
>
> 　「では何故、弁理士さんや知財部の人に相談するのか」となります。それに対する、筆者の独断と偏見での回答は、「特許は、出願する前は技術の世界であるが、出願したら法律と損得の世界に変わる。したがって、技術の世界だけで処理していると失敗する可能性が大きいから。」です。だから、弁理士さんや知財部の人には、単に出願の手続きを頼むのではありません。このことについて、筆者の失敗体験による実例で説明します。
>
> 　本項ではこれまでと異なり、内容を物語風に書きます。気楽に読んでみて下さい。

・発生した問題

　少し歴史をさかのぼります。カーステレオが8トラックエンドレステープ方式から、カセットテープ方式に変わろうとしていた頃の話です。当時、カーステレオは車のダッシュボードの下につり下げる方法で装着するのが大半でした。これをアンダーダッシュ法式と呼んでいましたが、助手席の人にはじゃまになるのと、安全性にも問題がありました。

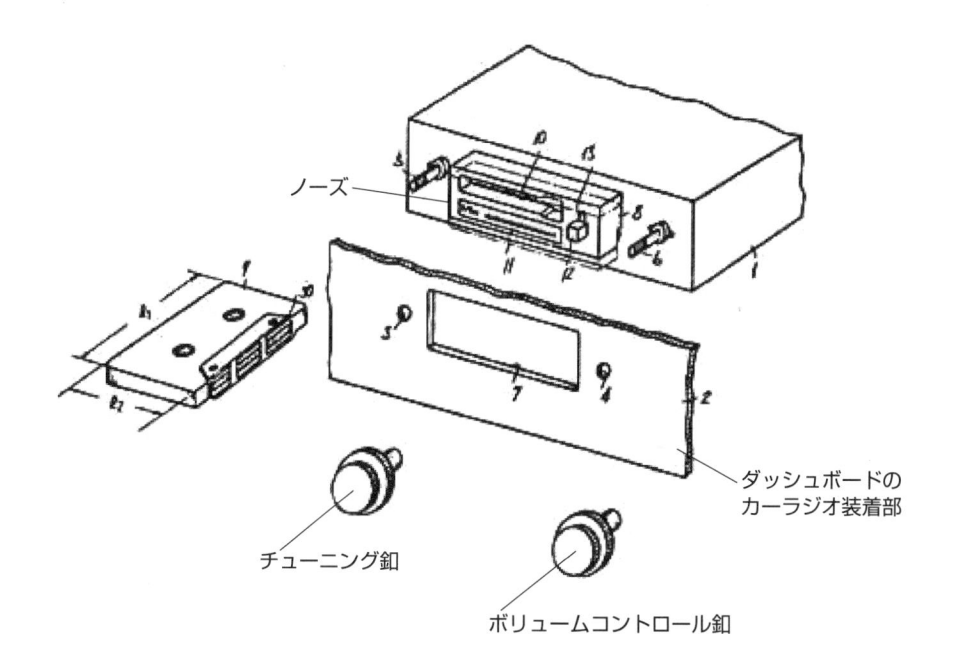

Chapter 10 設計者サイドの特許出願を知ろう

図10.1 インダッシュタイプの構成を示す特許説明図

このような背景を踏まえて、ダッシュボードの中でカーラジオのために設けられたスペースに搭載できる、カセットテープ方式のラジオ付きカーステレオを開発することに挑戦しました。ダッシュボードの中に入れるのでインダッシュタイプと言いました。図10.1に概略を示します。

インダッシュにしようとすると、ドイツ工業規格（DIN）に定められているカーラジオのためのスペースと操作釦位置の規格に従う必要がありました。そのためには、ステレオの体積をアンダーダッシュタイプの約4分の1にしなければなりません。そして、カセットテープの挿入口を含めカセット関係の操作部を、ラジオのダイアル部分（ノーズと呼んでいました）か、あるいはノーズの左右に130mmピッチで配置されていたチューニングとボリュームコントロール釦部に収める必要がありました。

ところで、筆者のいた会社は設立間もない創業期でした。さらに、カーラジオの

設計・生産の経験はありましたが、カーステレオとそのカーステレオに搭載するテープ駆動メカニズムの設計・生産の経験は全くありませんでした。輪を掛けて、農業・漁業を主とする田舎町のこと、メカニズム生産に関する工業的インフラは皆無の状態だったのです。

　極めつけの問題は、そのメカニズムを担当することになった筆者にありました。入社2年目でまだ何も知らないひよこだったのです。しかも、前述したような背景なので、指導してもらえる人も、何かを尋ねる人もおりません。今になってみれば、会社は、よくそんな人間に開発を担当させたものだと思うのですが……。

設計者のひよこの奮闘

　実は、ダッシュボード組み込み型のカーステレオは、既にヨーロッパのフィリップス社から発売されていました。筆者の1年先輩の人が、そのステレオを分解し図面化していました。色々な検討のために、筆者はまずこの図面を基に試作をしてみようとしたのです。そして、その後の展開のために、この図面による部品を作るための金型作成をするとしたらとしたら、どんな注意をしたらよいかを部品メーカーに尋ねたのです。

　そうしたら、予想もしなかった反応が返ってきました。「あなたは物を作ることを知らないようですね。こんな物ができるはずがない。」と。さらに加えて、社内の製造技術部門の責任者からもひどい叱責を受けました。

　落ち込みました。そして、悩んだ末ですが、次のように考えました。

① できないと言っている相手に、それでもやれと言う力は私にはない。「このような理由でできません。」と言われれば、反論する知識も経験もない。
② でも、製品化に向けて進まなければならない。どうしたらよいのか。進める方法はないだろうか。いずれにしても分相応にやるしかない。
③ そのような開き直りに近い観点に立ってみると、
　・8トラックのテープ早送りは2倍速くらいで、しかも、巻き戻しはない

Chapter 10　設計者サイドの特許出願を知ろう

- ではないか。
- だったら、カセットの常識だった早送り巻き戻しの機能を捨てて、早送りに限定してもいいではないか。それも最悪2倍速程度で。
- 2倍速くらいなら、通常の演奏状態と早送り状態の切り替え機構を省略する手がある。単に、テープの一定速度走行のための機能（キャプスタンとピンチローラー、図8.1を参照）を解除し、リールのスリップ機構をスリップなしで作動させるだけで早送りとしたらよいのではないか。
- その場合、磁気ヘッドを取り付けているレバーを、そのままノーズ部の前面に出して操作レバーにすれば早送り機能はOKだ。
- そうすると、メカニズムはものすごく簡単になる。だったら、技術力がなくても、インフラがなくても何とかなるかもしれない。
- 巻き戻しが不要なら、そのための機構はいらない。とすれば、巻き戻し部がなくなった分、メカニズムをノーズ方向にずらすことができる。また、カセットをカーステレオの中まで入れなくてもよい。結果として、製品の奥行きをこれまでの40%くらい小さくできるわけだ。

苦肉の策でも策は策

という発想にたどり着いたのです。この考えを世の中が受け入れてくれるかどうかは分かりませんでした。

結果的には、この発想で設計したカーステレオはヨーロッパで大ヒットしました。当時の日本の大手メーカー2社が類似商品を発売してきたほどです。また、カセットメカ専門メーカーもこの発想を取り入れた製品を随分生産しました。

しかし、この開発に関して出願した特許には大きな問題があったのです。というより大失敗だったのです。その上、特許的に大きな問題があったと理解したのも、失敗であったと認識したのも、製品が発売されてから随分後です。

随分後になって分かったのは、「発案者でありながら発明の本質をつかんでいな

かった。」ことです。他社が類似品を作ってきてはじめて本質が何であったか知ったのです。

　つまり、本質は「開き直った観点」で考えた、③で述べた箇条書きの6項目だったのです。特に「巻き戻し機能を省略して、カーステレオに望まれる小型化とシンプル化を達成」したことにあったのです。

　その本質をつかめなかった背景としては、入社2年目のひよこだったため、特許の知識もなかったし、色々叱責されて気持ちに余裕がなかったことも加わって、発明の有効性にまでは思い至らなかったのです。

　後で評価すれば、ものすごく有効なアイデアだったのですが、その時点では、ちゃんとした早送り機構が設計できないために、逃げとして考えたという、後ろめたい気持ちが先にたち、有効なアイデアであると主張するなどとんでもないことでした。

　そのようなことがあり、結果として出願したのは、早送りの操作レバーをノーズ部に配置することのみでした。しかも、特許ではなく実用新案として出願しました。この商品がヒットした本質的なアイデアの部分は発明として取り上げられなかったのです。

　大手メーカーが類似品を出してきたと書きました。会社の特許関係の部署は、早送りのレバーをノーズ部に配置する特許でもって、類似品を発売したメーカーに警告を出しました。

　警告されたほうも必死ですね。いろんな調査をしたと思います。とどのつまりは、「イタリアの図書館で見つけた書物の中に、筆者が出願する以前に書かれた、早送りレバーをノーズに配置した絵があった」ということで、警告は無効になりました。ただ、実用新案が既に登録になっていたため、多少の和解金が入ったことは入ったのですが…。

警告は出したけれど…

・原因

　発生した問題の項の内容と重複しますが、まとめてみます。

　① 特許に対する知識、知恵の欠如。
　② アイデアの本質を見抜いていなかった。

③ ノーズ部のレバーで早送りができるアイデアに固執し、その周辺を見ることができなくなっていた。
④ 特許の担当者に、アイデアが生まれた経緯も含めて十分に相談しなかった。
⑤ 開発の過程や、その開発に関係して自分の置かれていた背景から、発想に自信がなかった。

などがあげられます。

　この例の場合は、筆者だけではなく、会社や会社の特許担当者も、それぞれに経験不足で挑んだこともあわせて失敗の一因となっていると思います。しかし、たとえ歴史のある会社で、しかも、ある程度の経験を持っている技術者だったとしても、注意していないと同様な失敗に陥る可能性がないとは言えません。

実施した対策と教訓

① 　アイデアを出した技術者は、当然本質をつかんでいるかというと、意外とそうではないのです。前述したように個人的な思い込みにおちいっていることがよくあります。

　やっている仕事は少々違っても、真剣にアイデアを聞いてくれる誰かに、自分の考えたクレーム、つまり「請求の範囲」を読んでもらい、「あなただったら、このクレームをどう逃げるか（避けるか）」を考えてもらうことです。クレームの一句一語でも変えたり除いたりすることで、逃げることができれば逃げてもらうのです。

　読んでもらった人にうまく逃げられた場合は、クレームが本質からずれているか、何か足りないか、余分なことを書いているかです。

② 　発明者は、自分のアイデアがすばらしいと思い込むことが多いため、周辺に派生するアイデアや、別の方法を考えないことが多い傾向を持ちます。

人は誰でも、このような傾向を持つのだと自分に言い聞かせて、弁理士さんに相談するとか、1晩、冷却期間を置くとか、①に書いたような信頼できる人に説明し、意見を聞くとかするとよいと思います。
　関連するアイデアを思いついたら、クレームを増やすとか、実施例として出願書類に書き込むのです。

③　逆に、こんなものは特許にならないであろうと思い込むことがあります。他の人が権利にしたものを読んで「エッ、こんな簡単なことが特許になるの」と驚くことがあります。ところが、そのような簡単な特許は、お金になるものが多いのです。簡単がゆえに、その特許を避ける別の方法が無い場合が多いからです。かの有名な松下幸之助さんの二股ソケットなどがその例だと思います。

　逆に複雑な特許は多くの場合、別の方法で同じ機能を作れるのです。多少高くついても、特許料を払うよりはましな方法があるものなのです。だから、こんなたわいないものは、と技術者が自分で自分のアイデアを葬ってしまわないことです。

④　特許は利益につながると言われます。これを逆に見れば、その特許で痛手を受ける人がいるわけです。誰でも痛手は避けようとします。現実に、大きな企業の知的財産部の仕事は、自社の特許の出願より、他社からの警告への対応など、痛手を避けるための仕事のほうが多いはずです。特に日本の企業は、海外の特許を使用する機会が多いために、多額の支払いをしている場合が多いことにもよります。

二股ソケット

　だから、有効なアイデアほど、いろんな異議が出て権利化できにくいのです。必死でつぶそうと努力する人が多くなるからです。その逆に、代替方法もあるし、効果が小さい思われる出願は、書類の不備さえ無ければ権利化されやすいのです。要は無視されるのです。したがって、出願した特許に異議の申し立てがあっても臆せず対応しましょう。
　本項の例でも公知例をイタリアの図書館で見つけたわけです。わざわざ

> 出張したとしても、特許料を払うことと比較すれば、軽微な出費だったでしょう。
>
> ということで、予備知識の項で述べた「特許は出願する前は技術の世界、出願したら法律と損得の世界」だから、技術の世界だけで処理しないほうがよいとの切り出しの文に戻ります。

・雑感

　出願し、公開され、審査を通り、登録され、さらに、登録された後も、どんな解釈にも代替案にも影響されず権利が有効で、かつ、その権利が商品に活かされ、利益に寄与する、というのは本当に難しいことです。

　それを知った上で、できるだけの注意をして出願に挑めばと、すばらしい成果が得られるチャンスが増えると、筆者は確信しています。

〈参考図書・文献〉

1) 斎藤善三郎：おはなし信頼性、日本規格協会（1997）
2) 日本機械学会：振動のダンピング技術、養賢堂（1998）
3) 田中甚八郎：観察とモデリング、丸善株式会社（2004）
4) 上野拓：歯車工学、共立出版（1977）
5) 和栗明：歯車の設計・製作とその耐久力、養賢堂（1980）
6) 小田哲、島冨泰司：日本機会学会論文集、42-357（昭51-5）、1583-1588.
7) 中田孝：転位歯車、誠文堂新光社（1949）
8) 機械設計ハンドブック編集委員会：機械設計ハンドブック、共立出版（1955）
9) 日本電子機械工業会：電子部品ハンドブック、電波新聞社（1986）
10) 菅原和士：工学への基礎物理、日本理工出版会（2004）
11) ばね技術研究会：ばねの設計と製造・信頼性、日刊工業新聞社（2001）
12) 木内石：機械設計便覧、日刊工業新聞社（1979）
13) 中沢弘：優しい精密工学、工業調査会（1991）
14) 渡辺茂：設計論、岩波書店（1975）
15) 谷口修：機械力学、養賢堂（1969）
16) 奥山通夫、粉谷信三、西敏夫、山口幸一：ゴムの事典、朝倉書店（2000）
17) 村川正夫、中村和彦、青木勇、吉田一也：塑性加工の基礎、産業図書（1988）
18) 鵜戸口英善、川田雄一、倉西正嗣：材料力学上巻、裳華房（1995）
19) 大西清：標準製図法、理工学社（2001）
20) 日本機械学会：機械工学便覧（1990）
21) 和田肇：実用新案公報　昭50-34595

おわりに

　この本をお読みになって、お役に立てた項目はあったでしょうか。
　最後に、おそらく皆さんより先輩であろう筆者が、特に、若い技術者の皆さんに送るメッセージがあります。
　それは、
　　「自分はオンリーワンの存在になりましょう。」
ということです。
　筆者と同じように、特別の才能はなく、さらに、組織の歯車の中に置かれた普通の技術者を前提に訴えるのです。
　だから、難しく考えないことです。限られた、狭い分野でよいのです。
　たとえばです。多くの技術者の中で、今、あなたが取り組んでいる仕事と同じことに取り組んでいる人が何人いるでしょうか。おそらく、非常に少ないはずです。それだけでオンリーワンに近づいているのです。気が楽になりませんか。
　　「では、どのようにしてオンリーワンになったらよいのでしょう。」

　卒業前の学生さんに、次のようなことを話したことがあります。
　「企業人になったら、自分に関係する仕事についての辞書を作ったらよい。ある用語に出くわしたら、自分の辞書に加える。だだし、市販している辞書や、WEBで拾える解説にプラスして、例えば、
　・これについては誰に聞けばよい
　・物品であれば、どこで買ったら安い
　・別の解釈もある
のような、自分独自の情報を加えること。これを3年5年と続ければ、きっとあな

たはオンリーワンの存在になる。そして、社内の人があなたに質問に来るようになる。」

　以上は一つの例です。皆さんは皆さんなりにできることを見つけて、そして継続されることをお奨めします。継続は力です。継続して蓄積したものは、すぐに追い越されることはありません。それでこそオンリーワンです。
　オンリーワンの存在であることを自覚できれば、自信にも結びつきますし、技術者生活を少しは楽しくできると思います。

2006年5月

　　　　　　　　　　　　　　　　　　　　　　　　　　　和田　肇

著 者 略 歴

和 田　　肇（わだ　はじめ）

1946年	岡山生まれ
1969年	岡山大学工学部機械工学科卒業
1969年	三洋電機（株）入社
	鳥取三洋電機配属
2002年	早期退社
2003年	鳥取大学大学院工学研究科入学
	実学を重視、現実的なプレス用高強度鋼板の加工が研究のテーマ。また、大学の図書館などを活用し、現役時代に集積した技術関係データを整理。
2006年	工学博士

国内はもちろん、アメリカ、ヨーロッパ、中国などでの技術者としての経験と、経験から得た知恵の伝承を目的に、2004年4月～2005年11月、本書のベースになったメルマガを発行。ホームページ（和田肇で検索可）で今も意見交換を行っている。

あなたの機械設計ココが足りない！
－潜在技術力アップのための実務対策ヒント集－　　　NDC531.9

2006年5月30日　初版1刷発行

［定価は，カバーに表示してあります］

© 著　者　和　田　　肇
発行者　千　野　俊　猛
発行所　日　刊　工　業　新　聞　社
〒103-8548　東京都中央区日本橋小網町14-1
電　話　書籍編集部　03-5644-7490
　　　　販売・管理部　03-5644-7410
　　　　ＦＡＸ　　　　03-5644-7400
振替口座　0 0 1 9 0 - 2 - 1 8 6 0 7 6
URL http://www.nikkan.co.jp/pub
e-mail info@tky.nikkan.co.jp

印刷・製本　（株）ロ　ー　ヤ　ル　企　画

落丁，乱丁本はお取り替えいたします。　　2006 Printed in Japan
ISBN4-526-05675-8
Ⓡ〈日本複写権センター委託出版物〉
本書の無断複写は，著作権法上での例外を除き，禁じられています。
本書からの複写は，日本複写権センター（03-3401-2382）の許諾を得てください。

日刊工業新聞社の好評図書

図面って、どない描くねん！
―現場設計者が教えるはじめての機械製図

山田　学　著
A5判224頁　定価（本体2200円＋税）

「技術者がそのアイディアを伝える唯一の方法が製図である」と信じる著者が書いた、読んで楽しい製図の入門書。著者自身が就職してはじめて図面を描いたときの戸惑いと技能検定（機械・プラント製図）を受験してはじめて知った、"製図の作法"を読者のためにわかりやすく解説した「誰もが読んで手を打ちたくなる」本。大阪弁のタイトル、めいっぱいに詰め込まれた図面やイラスト、そのすべてに製図に対する著者のストレートな愛情が詰まっています。内容はもちろん最新のJIS製図。それに現場設計者のノウハウとコツがポイントとして随所にちりばめられています。発行以来大好評で毎月重版を重ねている、はっきり言ってお薦めの一冊です。

＜目次＞
第1章　図面ってどない描くねん！
第2章　寸法線ってどんな種類があるねん！
第3章　寸法公差ってなんやねん！
第4章　寸法ってどこから入れたらええねん！
第5章　幾何公差ってなんやねん！
第6章　この記号はどない使うねん！
第7章　こんな図面の描き方がわからへん！
第8章　図面管理ってなんやねん！

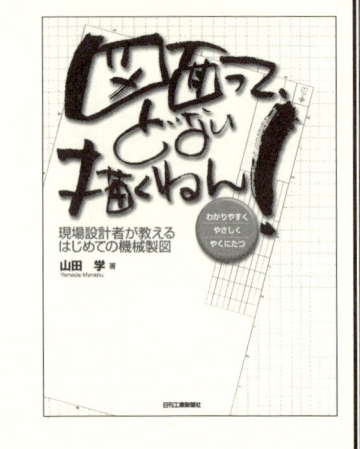